国家中等职业学校示范建设课程改革创新系列教材

中职中专计算机应用专业系列教材

Photoshop CS6 图形图像设计与制作

温小琼　主　编

谢　莎　副主编

科学出版社

北　京

内 容 简 介

本书针对平面设计专业的实际需求，通过4个单元分别对Photoshop CS6的相关知识及各种工具和命令的使用，以及Photoshop在不同行业中的实际应用进行了系统地讲解。本书以单元制作为主，软件使用和基本操作的讲解融合在单元制作过程中，配以拓展实例，使学习者在制作单元和完成实例的过程中更加系统和深入地掌握软件的使用，更熟悉行业的标准及就业所需要掌握的技能。

本书可作为计算机应用、计算机美术设计、平面广告设计、印刷制版等领域学习者与从业者的用书，也可作为广大Photoshop爱好者使用的工具书。

图书在版编目(CIP)数据

Photoshop CS6 图形图像设计与制作/温小琼主编. —北京：科学出版社，2013
（国家中等职业学校示范建设课程改革创新系列教材·中职中专计算机应用专业系列教材）

ISBN 978-7-03-039113-1

Ⅰ.①P… Ⅱ.①温… Ⅲ.① 图像处理软件-中等专业学校-教材
Ⅳ.①TP391.41

中国版本图书馆CIP数据核字（2013）第270234号

责任编辑：毕光跃 张振华 / 责任校对：彭立军
责任印制：吕春珉 / 封面设计：金舵手

科学出版社 出版
北京东黄城根北街 16 号
邮政编码：100717
http://www.sciencep.com

三河市骏杰印刷有限公司印刷

科学出版社发行 各地新华书店经销

*

2013 年 12 月第 一 版 开本：787×1092 1/16
2018 年 12 月第五次印刷 印张：15
字数：347 000

定价：39.00 元（含光盘）

（如有印装质量问题，我社负责调换〈骏杰〉）

销售部电话 010-62134988 编辑部电话 010-62135763-2008

前　言

■ 本书编写背景

教育部、人力资源和社会保障部、财政部决定从 2010 年到 2013 年组织实施国家中等职业教育改革发展示范学校建设计划，支持一批中等职业教育改革发展示范学校，提出七大任务要求：改革培养模式、改革教学模式、改革办学模式、创新教育内容、加强队伍建设、完善内部管理、改革评价模式。本书是在宜宾市商业职业中等专业学校示范校建设的过程中，编者针对行业、岗位技能和综合素质要求，在一些相关行业进行实践和实地锻炼后，与行业专家和从业人员多次探讨，与就业单位多次会谈后确定的项目范围和具体制作实例。本书总结了 Photoshop 在这些行业中的基本使用范围和常用方法、技巧，在结合中职学生特点的基础上搜集了大量案例和资料，是适合职业特点和岗位需求的平面设计基础教材。

■ 本书设计思想

随着计算机技术的逐步普及，Photoshop 在平面设计、网页设计、三维设计、数码照片处理等诸多领域广泛应用。越来越多的人运用 Photoshop 进行图像处理和广告设计等。Photoshop 是目前公认的优秀的图形图像处理软件之一。它的强大功能可使图形图像的设计、编辑、合成、特效等工作快捷地完成。Photoshop 知识内容并不难掌握，但是常见的 Photoshop 教材大都理论冗长、深奥难懂。Photoshop 的实践性和操作性都很强，初学者在学习此软件时"练中学，学中练"，这样才能够掌握具体的软件操作知识。

本书中所有的实例都是真实的案例，全面系统地介绍了 Photoshop CS6 软件在实践制作中的具体使用方法和技巧。为了使学生尽快掌握 Photoshop 的使用方法，本书从图像处理初学者的角度出发，以通俗的语言，采用单元教学和案例驱动教学的模式，结合一些影楼和平面广告公司常见的实例，同步讲解图片制作和软件用法，合理安排知识点，由浅入深，详细地讲解了 Photoshop 的强大功能，让读者在较短的时间内掌握有用的知识和技能。

本书在编写上以实用为原则，以拓展学生的知识面为目的，重视基本技能的培养和职业素养的提高。本书有三大特点：①针对性强，切合职业教育的培养目标，侧重技能传授，弱化理论，强化实践内容；②内容立体，改变惯例，打破传统教材的体例框架，从锻炼学生的思维能力及运用概念解决问题的能力出发，采用模块式内容组织结构，以解决具体实例项目为引导，彻底采用案例驱动的教学模式；③针对本书编制的资源库，包含课件、教案、教学设计、教学资源包、引导文、实验报告、考核表，既可以用做教学参考，也可以直接运用在教学中，避免了教师在教学备课中的重复劳动。

■ **本书内容结构**

单元 1 概述了 Photoshop CS6 的下载安装及其界面、工具、菜单等基本概念，以及获取素材的方式。

单元 2 主要介绍了证件照制作的过程和方法，普通生活照中曝光不足、偏色、瑕疵、皮肤处理、虚化背景和合成图像、抠图及艺术照后期处理和制作等项目的制作方法和过程，还介绍了相应工具、菜单的使用技巧，以及相应行业标准。

单元 3 主要介绍了制作贺卡、海报、名片、房地产开盘宣传单等项目和工具、菜单的使用，以及行业中的基本标准。

单元 4 主要介绍了室内装饰后期处理中的操作方法和技巧，以及供学生了解的打印和出图标准。

本书教学共需 80 学时，单元 1 约 8 学时，单元 2 约 44 学时，单元 3 约 20 学时，单元 4 约 8 学时，也可根据学生基础、教学内容的不同来调整教学时间。

■ **本书编写分工**

本书由温小琼主编，并组织了一批来自一线从教并长期在企业兼职的平面设计和美术教师进行编写。其中，谢莎、阳艳、钟芹、钟源、张俊、赵竟参与了本书的编写，资源库由温小琼、钟源整理。编写准备及编写过程中与行业和就业单位多次研讨，他们为本书的最终定稿提出了很多宝贵的意见。

本书由曾勇审稿，成都金穗集团、宜宾智威熊广告公司、宜宾古摄影婚纱影楼、宜宾酷宝贝儿童摄影、宜宾天行九月装饰公司提供了一些案例和素材，并提出了许多宝贵意见，使本书增色不少，在此一并表示感谢。

在编写本书的过程中，编者得到了卿琳、张穗宜、陈忠、李骏、李霆、王寿辉、罗本飞等老师的大力支持，在此表示衷心的感谢。

由于编者水平有限、时间仓促，书中难免存在疏漏及不当之处，敬请广大读者批评指正。

编　者
2013 年 6 月

目　录

单元*4*　室内装饰设计的后期处理　　　　　　　　221

参考文献　　　　　　　　　　　　　　　　　　　233

单元 1

Photoshop CS6 软件概述

系 统 准 备

学习目标

- 学会在网络上查找所需要的软件；
- 正确下载软件到硬盘中正确的位置；
- 安装Photoshop CS6软件并能正常使用。

学习重点

- 下载软件的基本技巧；
- 正确安装Photoshop CS6。

实例 Photoshop CS6软件的下载和安装

实例要求:

1) 在学习计算机应用基础后, 大家掌握了下载和安装软件的方法, 在学习本门课程之前, 在计算机上下载和安装 Photoshop 软件。

2) 要求软件的版本为 Photoshop CS6 中文版。

■ 实例分析

计算机应用软件的下载资源在网络上有很多。但是, 用户需要清楚的是, 许多软件不是任意下载就可以安装使用的。因为很多软件下载网站所提供的软件是不注重质量的, 有的只是用来骗取用户的点击, 甚至会把病毒、木马植入计算机。根据用户自行下载和安装的情况总结如下: 多数人采用搜索引擎, 很容易地下载了 Photoshop CS6; 但有时解压需要密码, 用户不知怎样找寻密码, 只好把已经下载的文件删除, 重新搜索; 有的用户下载的文件不是压缩包, 可以直接安装, 但双击软件后台将其安装在系统盘, 安装完成后, 计算机需要重新启动, 重新启动完毕又自动重启……这种安装方法会使计算机容易中毒。

1) 如果下载安装 Photoshop CS6 后, 计算机一直重启, 则系统盘被病毒攻击了; 若此时只能重装系统, 则计算机中的很多资料可能会丢失。

2) 如果用户发现下载的软件不能安装, 则有可能是该网站对于非会员用户无权下载安装, 也有可能在网页上未发现解压密码或者安装序列号。

■ 实例具体制作

方法一: 直接购买一张 Photoshop CS6 的安装盘, 在光驱中放入光盘后按照安装步骤进行安装, 简单且安全。

方法二: 在官方网站上正确下载安装软件。

下面将介绍在网络上下载并安装 Photoshop CS6 的全过程。

1) 找到 Adobe 的官方网站, 在该网站下载软件。

2) 找到本网站上对应的下载地址并右击, 在弹出的快捷菜单中选择"使用快车3下载"选项，弹出"新建任务"对话框，如图 1-1-1-1 所示，单击"浏览"按钮，弹出"浏览文件夹"对话框，选择文件的保存地址，如图 1-1-1-2 所示，单击"确定"按钮，开始下载 Photoshop CS6 安装文件。

3）安装软件。

① Photoshop CS6 压缩文件下载完成后，使用解压缩工具解压文件，如图 1-1-1-3 所示。

② 打开"Photoshop_13_LS3"文件夹内的"Adobe CS6"文件，如图 1-1-1-4 所示。

图 1-1-1-1 "新建任务"对话框

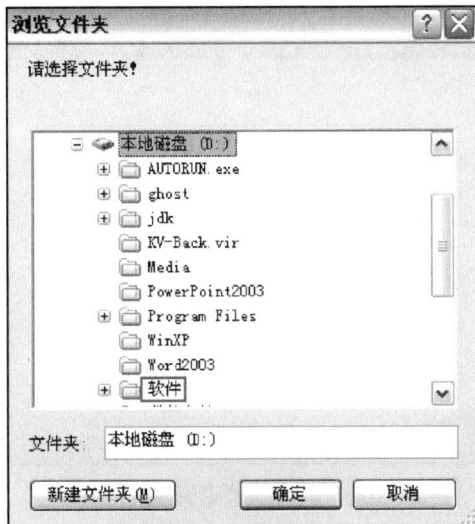

图 1-1-1-2 选择下载文件的保存地址

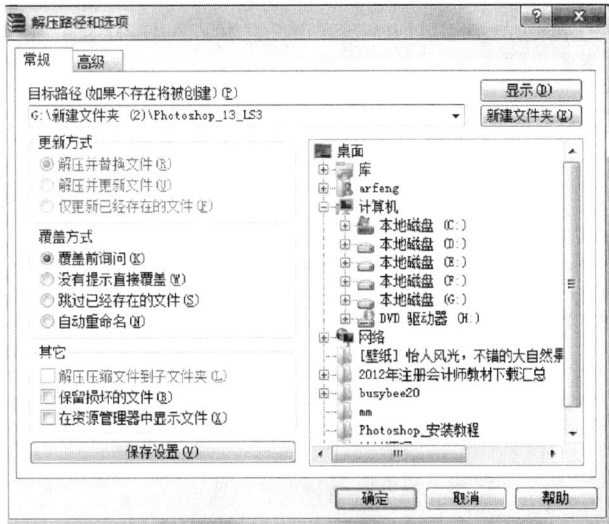

图 1-1-1-3 解压文件

图 1-1-1-4　打开"Adobe CS6"文件

③ 双击"Set-up"安装程序，开始安装 Photoshop CS6，如图 1-1-1-5 所示。

④ 选择"试用"选项，如图 1-1-1-6 所示。

⑤ 选择安装位置（一般默认在系统盘安装，也可以自行更改），如图 1-1-1-7 所示。

⑥ Photoshop CS6 的安装进度如图 1-1-1-8 所示。

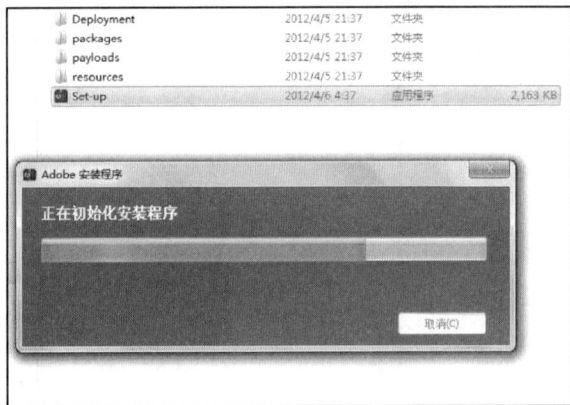

图 1-1-1-5　Adobe 安装程序

图 1-1-1-6　选择"试用"选项

图 1-1-1-7　选择安装位置

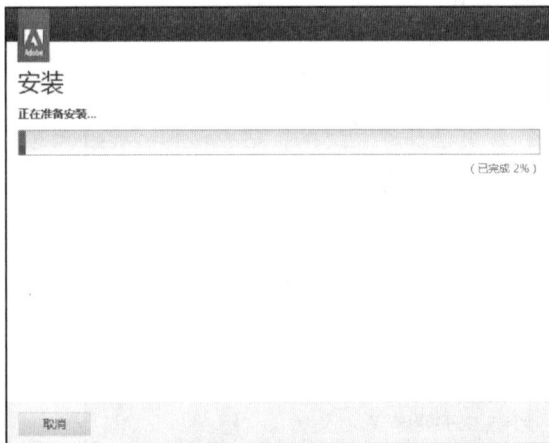

图 1-1-1-8　安装进度

⑦ 软件安装完成，如图 1-1-1-9 所示，然后将其激活。

⑧ 启动刚安装好的软件，输入其序列号，即可正常使用该软件。

小提示

Photoshop CS6 在其他版本的基础上添加了一些新的功能，但是此版本的 Photoshop 所占存储空间较大，Photoshop CS6 做出的图片源文件，在其版本较低的 Photoshop 中无法打开。本书是以 Photoshop CS6 进行讲解的，因此，在学习之前先安装好 Photoshop CS6。

图 1-1-1-9 安装完成

4）熟悉 Photoshop CS6 的界面。软件安装完成后，启动 Photoshop CS6，就会看到如图 1-1-1-10 所示的工作界面。

① 菜单栏：包含"文件"、"编辑"、"图像"、"图层"、"文字"、"选择"、"滤镜"、"视图"、"窗口"和"帮助"菜单，如图 1-1-1-11 所示。在选择某菜单选项后，弹出相应的下拉菜单，在下拉菜单中选择各选项即可对图像进行操作。

图 1-1-1-10 工作界面

图 1-1-1-11　菜单栏

②　工具箱：包含多种工具，可以选择某种工具，并在图像中执行操作，如图 1-1-1-12 所示。

③　工具选项栏：在选择某种工具后，在工具选项栏中会出现相应的工具选项，在该选项栏中可对工具的参数进行设置，如图 1-1-1-13 所示。

图 1-1-1-13　工具选项栏

④　文档窗口：用于显示或编辑图像文件，如图 1-1-1-14 所示。当打开多个文档时，它们可以最小化到选项卡中，单击需要编辑的文档名称，即可选中该文档，如图 1-1-1-15 所示。

图 1-1-1-15　文档名称

⑤　控制面板：在Photoshop CS6 中根据功能的不同，共分为 25 个控制面板，在"窗口"菜单中可以选择并进行编辑，如图 1-1-1-16 所示。

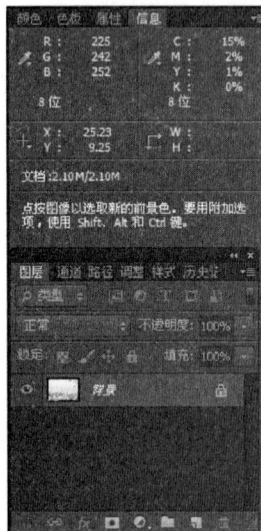

⑥　状态栏：显示文档大小、当前工具等信息，如图 1-1-1-17 所示。

Photoshop CS6 更改主界面：默认 Photoshop CS6 的工作界面为黑灰色，如果想改变工作界面颜色，可选择"编辑"→"首选项"→"界面"选项，弹出"首选项"对话框，在该对话框中选择切换主界面颜色，选择完成后，单击"确定"按钮，如图 1-1-1-18 所示。

图 1-1-1-14　文档窗口

图 1-1-1-12　工具箱

图 1-1-1-16　控制面板

图 1-1-1-17　状态栏

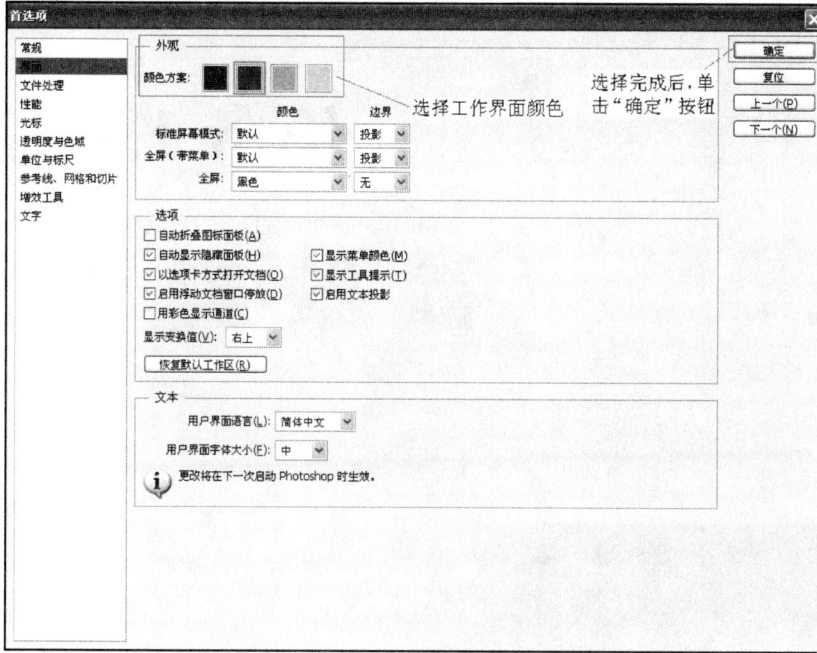

图 1-1-1-18　选择切换主界面颜色

课后拓展

熟悉 Photoshop CS6 的工作界面、菜单和工具。

任务 1.2

初 识 软 件

学习目标

- 了解图片素材的获取方式；
- 熟悉Photoshop CS6的工作界面和菜单；
- 了解图像的基本概念（类型、模式、分辨率、格式等）；
- 能新建文件、制作简单图像、保存文件。

学习重点

- 熟悉Photoshop CS6的工作界面和菜单；
- 熟悉图像的基本概念（类型、模式、分辨率、格式等）；
- 能新建文件并根据不同要求保存不同格式文件。

实例　简单图像处理

　　某用户开了一家数码摄影店，一位老人要求其将一张十多年前的老照片（已经泛黄）还原成比较清晰的图片。

实例要求：

　　1）通过教材、查询网络资料了解修复、还原老照片需要什么设备。

　　2）通过教材、查询网络资料了解修复、还原老照片具体要怎么做。

　　3）了解图片格式。

　　4）了解图片类型。

　　5）了解照片还原后打印时的要求。

■ 实例分析

　　在处理图片和制作实例前要先了解 Photoshop 的基本概念和行业中运用的标准，从最基础的处理图片学习。

　　Photoshop 主要运用于平面设计和图像处理等方面，处理的图片可以通过绘图软件、扫描仪、数码照相机方式获取，也可以用屏幕抓取、网络下载等方式获取。获得的图片可以分为两大类型：位图和矢量图。利用绘图软件绘制图像时，图像是需要打印还是仅保存于计算机中，需要考虑图像的色彩模式、格式和大小等因素。通过数码照相机、扫描仪等方式获取图片时，需要考虑显示或打印的分辨率和图像的尺寸等。

■ 知识资料

　　1. 图像的类型

　　（1）位图

　　位图也称为点阵图或像素图。位图图像是由很多彩色网格拼接而成的，每个网格称为一个像素，像素都有特定的位置和颜色值。像素决定了位图图像的大小和质量，图像中所含像素越多，图像越清晰，颜色之间的过渡越平滑、越细腻，图像表现力越强，细节越丰富，图像越大，所占存储空间越大。一般情况下，位图可以通过工具拍摄获得，如数码照相机拍摄、扫描仪扫描，也可以通过 Photoshop 等软件绘制而成。

（2）矢量图

矢量图根据几何特性进行图形绘制，矢量可以是一个点或一条线，矢量图只能靠软件生成，文件占用存储空间较小，因为这种类型的图像文件包含独立的分离图像，可以自由无限制地重新组合。它的特点是图像放大后不会失真，和分辨率无关，文件占用存储空间较小，适用于图形设计、文字设计和一些标志设计、版式设计等。

2．图像的色彩模式及转换

色彩模式是数字世界中表示颜色的一种算法。在数字世界中，为了表示各种颜色，人们通常将颜色划分为若干分量。由于成色原理的不同，决定了显示器、投影仪、扫描仪等依靠色光直接合成颜色的颜色设备和打印机、印刷机等依靠颜料的印刷设备在生成颜色方式上的区别。

Photoshop 中主要的色彩模式包括 RGB 模式、CMYK 模式、位图模式、灰度模式、双色调模式、HSB 模式、Lab 模式、索引色模式、多通道模式及 8 位/16 位模式，每种模式的图像描述和重现色彩的原理及所能显示的颜色数量是不同的。本书对运用较多的 RGB 模式、CMYK 模式进行了详细介绍。

（1）RGB 模式

RGB 模式中的 R 代表红色，G 代表绿色，B 代表蓝色，三种色彩叠加形成了其他的色彩，因此该模式也称加色模式（图 1-2-1-1）。因为三种颜色都有 256 个亮度水平级，当不同亮度的基色混合后，便会产生 256×256×256 种颜色，约为 1678 万种，也就是真彩色，通过它们足以再现绚丽的世界。当三种基色的亮度值相等时，产生灰色；当三种亮度值都是 255 时，产生纯白色；而当三种亮度值都是 0 时，产生纯黑色。三种色光混合生成的颜色一般比原来的颜色亮度值高，所以 RGB 模式产生颜色的方法又被称为色光加色法。显示器、投影设备及电视机等许多设备都是依赖于这种加色模式来实现的。

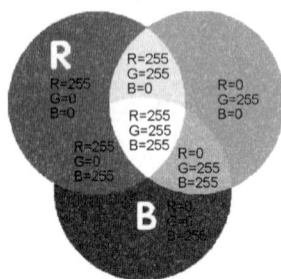

图 1-2-1-1　RGB 模式颜色混合原理图

（2）CMYK 模式

CMYK 模式中的 C 代表青色，M 代表洋红色，Y 代表黄色，K 代表黑色，这四种基本颜色组合成不同色彩的 CMYK 模式（图 1-2-1-2）。CMYK 模式在本质上与 RGB 模式没有区别，只是产生色彩的原理不同，在 RGB 模式中由光源发出的色光混合生成颜色，而在 CMYK 模式中由光线照射到不同比例的 C、M、Y、K 油墨的纸上，部分光谱被吸收后，反射到人眼的光产生颜色。由于 C、M、Y、K 在混合成色时，随着 C、M、Y、K 四种成分的增多，反射到人眼的光会越来越少，光线的亮度会越来越低，所以 CMYK 模式产生颜色的方法又被称为色光减色法，在打印和印刷时可应用这种减色模式。因为在实际应用中，青色、洋红色和黄色很难叠加形成真正的黑色，最多是

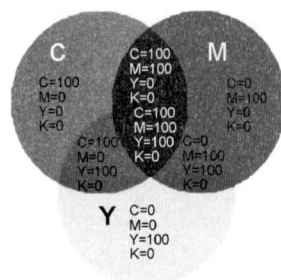

图 1-2-1-2　CMYK 模式颜色混合原理图

褐色，因此引入了 K，即黑色。黑色的作用是强化暗调，加深暗部色彩。C、M、Y 和 K 在印刷中代表四种颜色的油墨。

下面通过实例实现模式的相互转换。

1）打开 Photoshop 安装文件中的图片"海边小屋"（灰度模式）和"棕榈树"（CMYK 模式）。将这两个图片合成为一个图片，如图 1-2-1-3 ~ 图 1-2-1-5 所示。

图 1-2-1-3 "海边小屋"图片　　　图 1-2-1-4 "棕榈树"图片　　　图 1-2-1-5 合成后的图片

2）首先将"海边小屋"的灰度模式转换为彩色的 RGB 模式，如图 1-2-1-6 所示。

3）用矩形选框工具将"门"的部分选中（图 1-2-1-7）后，选择"编辑">"变换">"缩放"选项，制作出"门向左边推开"的效果，如图 1-2-1-8 和图 1-2-1-9 所示。

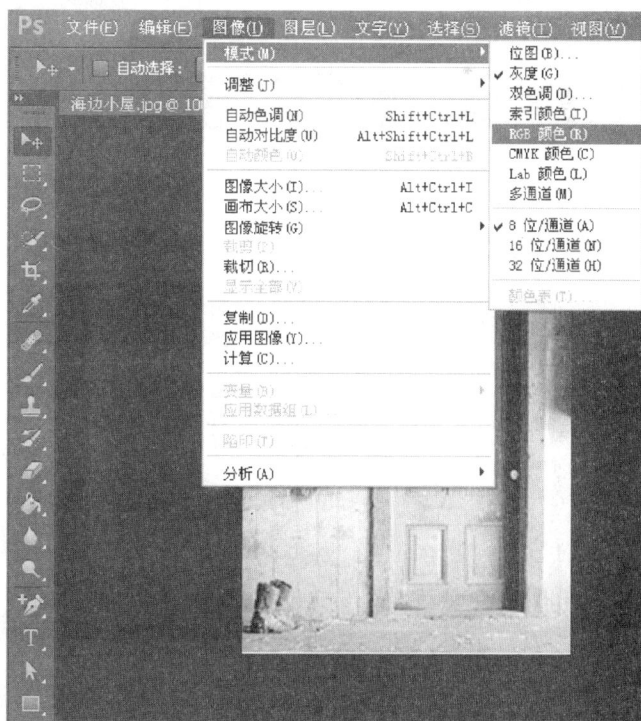

图 1-2-1-6 灰度模式转换为 RGB 模式

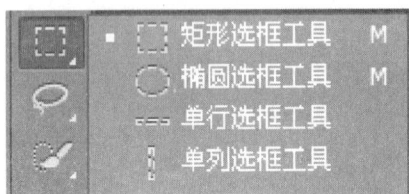

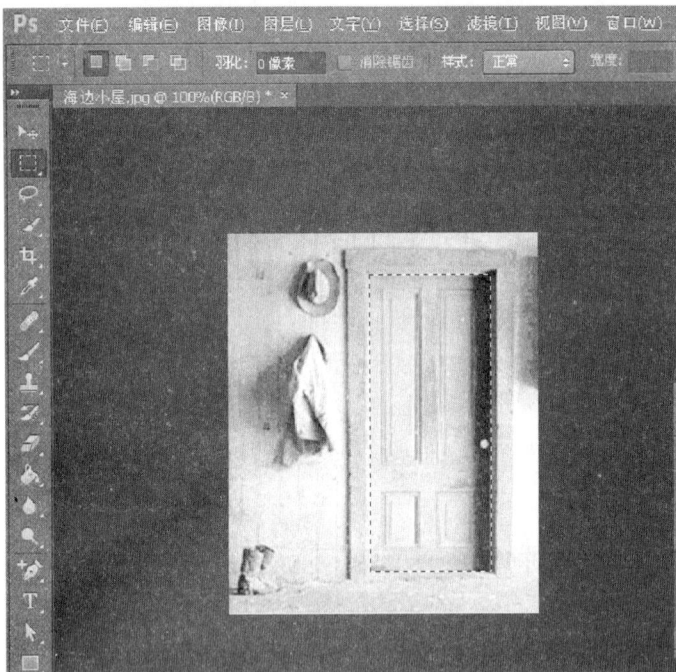

图 1-2-1-7　选中"门"的部分　　　　　　　　图 1-2-1-8　执行"缩放"命令

图 1-2-1-9　"门向左边推开"效果图

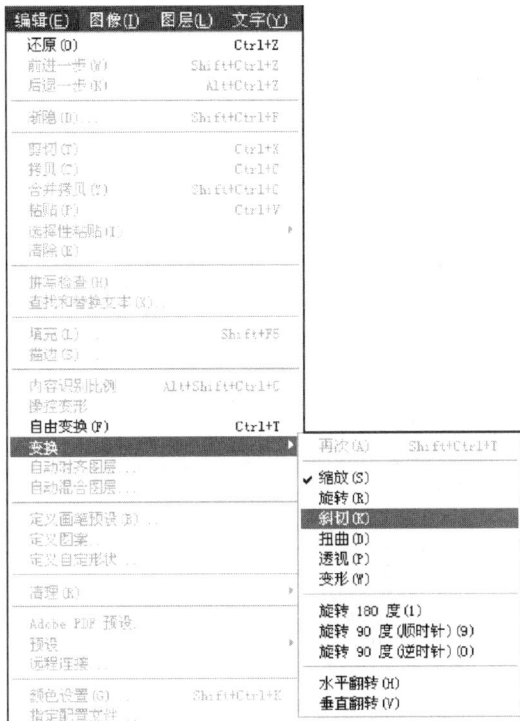

图 1-2-1-10　执行"斜切"命令

4）这样的"门"的推开效果不真实，选择"编辑">"变换">"斜切"选项，如图 1-2-1-10 所示，将"门"的右上角向下拉，右下角向上拉，如图 1-2-1-11 所示。单击"应用"按钮，应用变换效果，如图 1-2-1-12 所示。

5）选择"棕榈树"图片，用矩形选框工具将整个图形选中，选择"编辑">"拷贝"选项，如图 1-2-1-13 所示，以便将其粘贴到"海边小屋"的"门"后面。

图 1-2-1-11　调整效果图

图 1-2-1-12　应用变换效果

图 1-2-1-13　执行"拷贝"命令

图 1-2-1-14　选中白色区域

6）选择魔棒工具，然后将图 1-2-1-14 中白色的区域选中，再将复制的图片粘贴到该区域，选择"编辑"＞"选择性粘贴"＞"贴入"选项（图 1-2-1-15），最终效果如图 1-2-1-16 所示。

图 1-2-1-15　执行"贴入"命令

图 1-2-1-16　贴入后的效果图

就计算机中编辑图像而言，RGB 模式是最佳的色彩模式，因为它可以提供全屏幕的 24bit 的色彩范围，即真彩色显示。但是，如果将 RGB 模式用于打印就不是最佳的色彩模式了，因为 RGB 模式所提供的某些色彩已经超出了打印的范围，因此在打印一幅真彩色的图像时，必然会损失一部分亮度，并且比较鲜艳的色彩肯定会失真。这主要因为打印所用的是 CMYK 模式，而 CMYK 模式所定义的色彩比 RGB 模式定义的色彩少很多，因此打印时，系统自动将 RGB 模式转换为 CMYK 模式，这样就会损失一部分颜色，出现打印后失真的现象。

CMYK 模式是最佳的打印模式，那么是不是在编辑时就采用 CMYK 模式呢？答案是否定的，用 CMYK 模式编辑虽然能够避免色彩的损失，但运算速度很慢。由于用户所使用的扫描仪和显示器都是 RGB 模式的设备，所以在使用 CMYK 模式工作时，都有把 RGB 模式转换为 CMYK 模式这样一个过程。

因此建议用户在使用过程中，先用 RGB 模式进行编辑图像工作，再用 CMYK 模式进行打印工作，在打印前进行模式转换，然后加入必要的色彩校正，锐化和休整。虽然这样会使 Photoshop 在 CMYK 模式下速度慢一些，但可节省大量编辑时间，也可以打印出色彩清晰的图像。

3．分辨率的设置

在理解分辨率之前先来了解像素的含义。

（1）像素

在 Photoshop 中把照片放大到一定的倍数后可以看到，图像是由许多大小不等、明暗不同并按一定规律排列起来的黑白小点组成的，这些黑白小点称为像素或者像素点。这些点是组成图像的最小单元。一幅图像由许多像素的集合体组成。单位面积上的像素数越多，图像就越清晰，结果就更接近原始的图像（图 1-2-1-17）。

（2）分辨率

分辨率就是屏幕图像的精密度，是指显示器所能显示的像素的多少。由于屏幕上的点、线、面都是由像素组成的，因此显示器可显示的像素越多，画面就越精细，同样屏幕区域内能显示的信息也就越多。图像分辨率决定了图像输出的质量，而图像分辨率和图像尺寸（高宽）的值决定了文件的大小，且该值越大，图

图 1-2-1-17　像素

形文件所占用的存储空间就越大。图像分辨率以比例关系影响着文件的大小，即文件大小与其图像分辨率的平方成正比。如果保持图像尺寸不变，将图像分辨率提高一倍，则其文件大小增大为原来的四倍。

1）打印机分辨率。其又被称为输出分辨率，指在打印输出时横

图 1-2-1-18　打印机

向和纵向两个方向上每英寸（1in ≈ 0.0254m）最多能够打印的点数，通常以"点 / 英寸"（即 dpi）来表示。平时所说的打印机（图 1-2-1-18）分辨率一般指打印机的最大分辨率，目前激光打印机一般为 600×600dpi，一般喷墨打印机的分辨率在 600×600dpi 以上。打印分辨率是衡量打印机打印质量的重要指标，它决定了打印机打印图像时所能表现的精细程度，它的大小对输出质量有重要影响，因此在一定程度上，打印分辨率也就决定了该打印机的输出质量。打印机分辨率越高，输出的效果就越精美。

小提示

　　并不是每种打印需求都需要最高精度。对于文本打印而言，600×600dpi 已经达到了相当出色的线条质量，激光打印机在输出要求不高的文本时，可设成 300×300dpi，以节省成本。但在工作过程中，常需要打印图像、照片、标书等高精度打印的内容，此时，除了打印负荷量和打印速度外，还必须仔细考虑打印机的打印质量。对于照片打印而言，更高的分辨率意味着更加丰富的色彩层次和更加平滑的中间色调过渡，在选择打印照片时，常常遇到的问题是照片的分辨率设置。用户在将数码照片用打印机打印时，应先用 Photoshop 对照片进行初步的处理，再对照片进行裁剪，根据需要裁成 5 寸、6 寸、7 寸至更大，5 寸裁剪尺寸为 3.5in×5in（约为 8.89cm×12.7cm），6 寸为 4in×6in（约为 10.16cm×15.24cm），7 寸为 5in×7in（约为 8.89cm×17.78cm），这时分辨率应设置为多少？编者从影楼了解到，在冲印时一般设为 300 ~ 350dpi，按 350dpi 计算，5 寸照片分辨率为 217000，即 200 万像素，所以一般家庭旅游照相时，将数码照相机像素值设为 300 万像素，冲印时一般设为 4 ~ 7 寸的照片就足够了。

　　2）扫描仪（图 1-2-1-19）的分辨率。在实际扫描过程中设置适当的分辨率进行照片扫描是非常重要的。扫描分辨率设置过低，输出的图片精度不理想；设置过高，不但浪费扫描和处理时间，产生的文件也会很大，会占用更多的存储空间。那么，在扫描图片时，怎样选择合适的分辨率呢？这就需要根据原图尺寸、最终输出方式以及输出幅面来综合考虑确定。

　　如果只在屏幕上显示图像（如电子相册、网页图像），由于扫描分辨率会直接转换成显示分辨率，则可以说它们基本是等同的。目前，屏幕只能显示出大约 72dpi 的图像品质，所以用 72dpi 的分辨率扫描就能以原大小显示。使用更高的分辨率，只会增加图像文件数据量和显示面积，并不能提高图像在屏幕上显示的清晰度。

　　用于彩色印刷表示印刷精度的印刷分辨率，与电子图像的分辨率是不同的，它用 lpi（line per inch）表示，即每英寸输出线数。普通报纸大约为 85lpi，彩色杂志大约为 150lpi，美术画册、精美的艺术

图 1-2-1-19　扫描仪

书籍则可能为300lpi。扫描图像用于印刷时，需根据印刷的精度要求确定分辨率。用户在以原大小输出时，设定分辨率的简易办法基本是lpi×2。因此，用于报纸、杂志和艺术画册印刷时的最佳扫描分辨率分别为170dpi、300dpi和600dpi。

4. 图片文件的格式

Photoshop提供了多种图形文件格式，用户在保存文件或导入、导出文件时，可根据需要选择不同的文件格式。Photoshop主要支持的文件格式有以下几种。

（1）PSD格式

PSD格式是Photoshop的专用格式，PSD文件的扩展名为.psd。PSD实际上是Photoshop进行平面设计的一张"草稿图"，它包含图层、通道、遮罩等多种设计，以便打开文件时修改上一次的设计。在Photoshop所支持的各种图像格式中，PSD的存取速度比其他格式快很多，功能也很强大。

（2）JPEG格式

JPEG是一种常见的图像格式，应用非常广泛，特别应用在网络和光盘读物上，JPEG文件的扩展名为.jpg或.jpeg。用JPEG格式保存的图像可以通过压缩使文件变小，虽会丢失部分肉眼不易察觉的色彩，但会使得Web页可以较短的下载时间提供大量美观的图像，JPEG格式也就顺理成章地成为网络上最受欢迎的图像格式。

（3）GIF格式

GIF文件的扩展名为.gif。GIF格式的特点是压缩比高，占用存储空间较少，GIF图像文件短小、下载速度快，可用许多具有同样大小的图像文件组成二维动画。目前互联网上大量彩色动画文件多采用这种格式。但GIF格式的不足之处是不能存储超过256色的图像。

（4）BMP格式

BMP文件的扩展名为.bmp。BMP格式是Windows操作系统中标准的点阵式图像文件格式，其包含的图像信息较丰富，占用存储空间过大，几乎不能进行压缩。

（5）TIFF格式

TIFF是一种比较灵活的图像格式，文件扩展名为.tif或.tiff。它具有图形格式复杂、存储信息多的特点，用于在应用程序和计算机平台之间交换文件，几乎受所有的绘画、图像编辑和页面版面应用程序的支持。3ds Max中的大量贴图即为TIFF格式。几乎所有的桌面扫描仪都可以生成TIFF格式的图像。

■ 实例制作步骤

　　将老照片转化成数字形式时有两种方法可以实现：一种方法是使用扫描仪扫描；另一种方法是使用数码照相机，通过照片翻拍来实现。下面介绍使用这两种方法的实际操作。

　　方法一：扫描仪的操作。

　　01 在扫描前要清洁扫描仪玻璃板和压片盖板内侧，如图 1-2-1-20 所示。

　　02 打开扫描仪厂家配带的扫描仪驱动程序。首先查看扫描仪扫描照片的结果是否有黑点、裂纹、曲直线纹和明暗不均的情况。可以使用如下方法检查：找一张白纸把扫描仪玻璃面全部盖严，使用 300 dpi 对其进行扫描，然后使用 Photoshop 图像处理软件打开图片，在显示器上放大后仔细观察是否有黑点、裂纹、线纹、明暗不均的情况，若有，则扫描时尽量避开这些区域；若没有，则可以使用该扫描仪正常扫描。

图 1-2-1-20　清洁扫描仪

　　03 正确放置照片（图 1-2-1-21），避免倒置和侧卧。放置照片时要画面向下，反面向上，这样可以省去后期修图时的"旋转"步骤。

　　04 扫描时的剪裁。扫描单幅图片，剪裁线应与照片边缘吻合，一次扫描多幅图片时，幅与幅之间应留有 1 ～ 2mm 宽的空隙，以便后期处理时裁剪，如图 1-2-1-22 所示。

　　05 选择扫描完成的文件，并进行存储，此处选择存储路径"D:\照片\扫描照片"，如图 1-2-1-23 所示。

　　06 设定扫描分辨率，确定图像文件的大小。分辨率的设定以"够用"为原则，并且参考原稿照片的质量情况进行，尽量避免生成占用存储空间过大的图像文件。被扫描的照片尺寸大小为 6 寸，若图片质量很差，可把扫描分辨率设定为 600dpi，这样可以获得较高品质、色彩逼真的图片，以便为后期的图像处理留下较大的修整空间。

图 1-2-1-21　正确放置照片

图 1-2-1-22　多幅图片的剪裁

图 1-2-1-23　存储文件

07 设定好后，直接单击"OK"按钮进行扫描，由于扫描仪默认的是 A4 幅面大小，所以最终得到一张 3510 像素×2550 像素、需要进一步裁剪处理的"原图"。选择"文件">"打开">"D:\ 照片\ 扫描照片"选项，导入扫描图片，如图 1-2-1-24 所示。

08 使用裁剪工具，根据照片尺寸进行裁剪，剪裁后的效果如图 1-2-1-25 所示。

09 选择"文件">"存储"选项保存文件，弹出"存储为"对话框，存储路径为"D:\ 照片\ 扫描照片"，输入文件名为"扫描照片 1"，以 JPEG 格式保存，可以减小文件的存储空间，如图 1-2-1-26 所示。

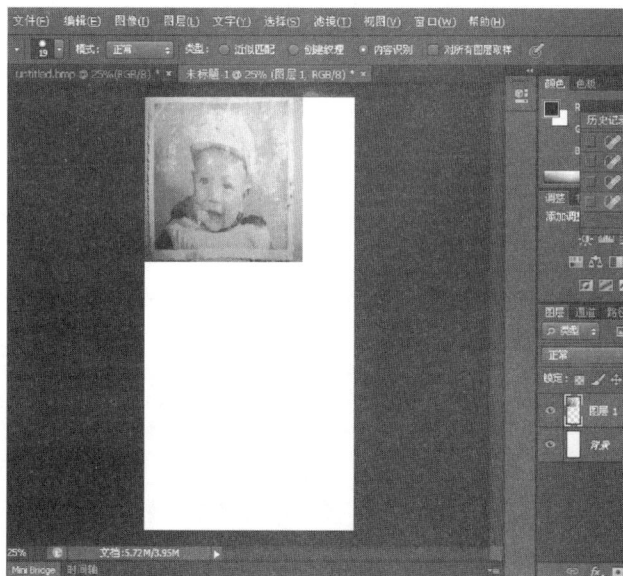

图 1-2-1-24　导入扫描图片

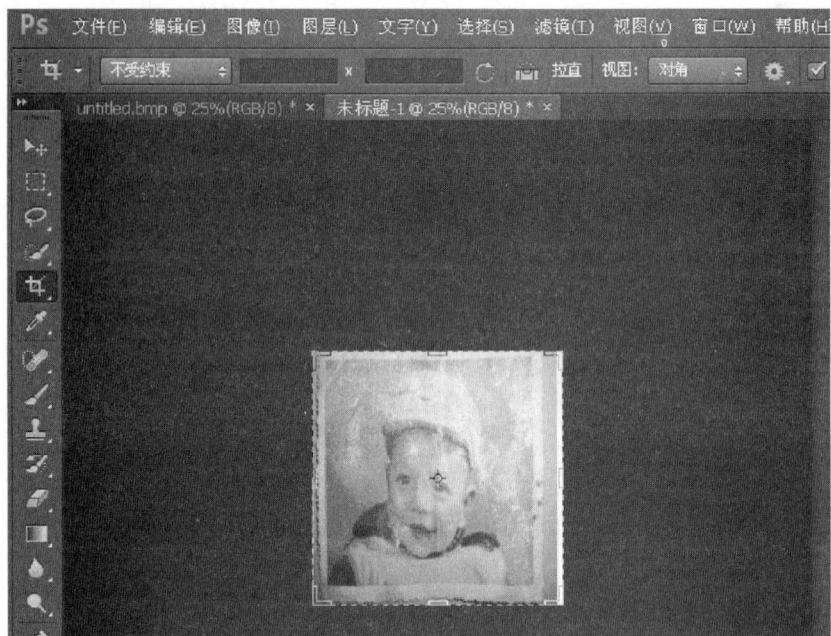

图 1-2-1-25　剪裁后的效果图

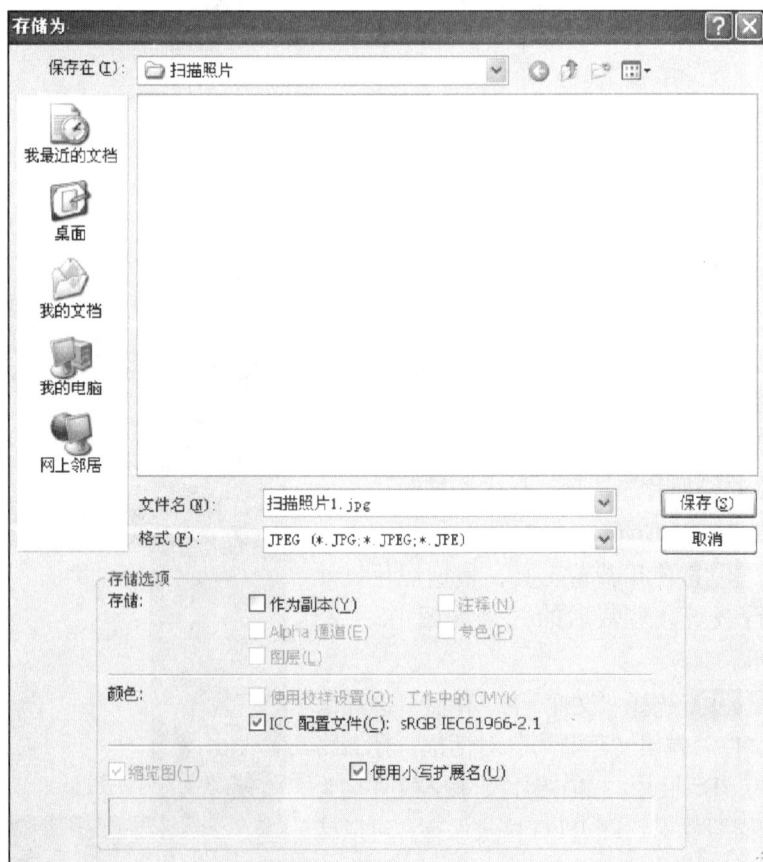

图 1-2-1-26　存储"扫描照片 1"

10 照片效果图如图 1-2-1-27 ～图 1-2-1-29 所示。

图 1-2-1-27　原照片

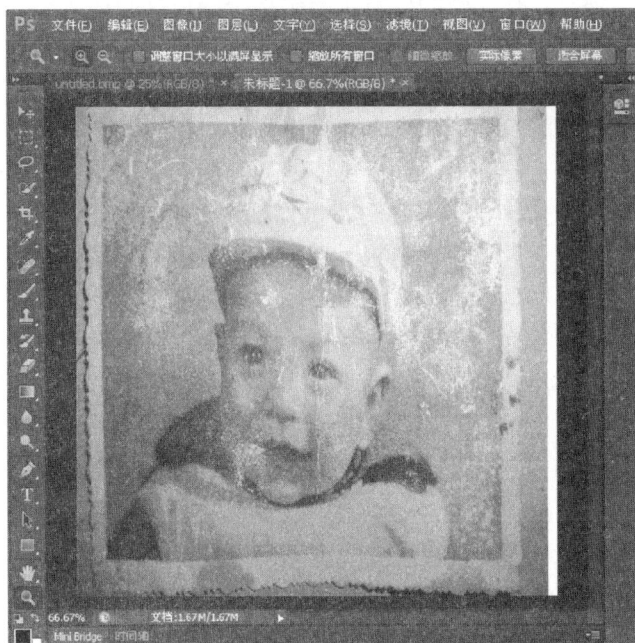

图 1-2-1-28　扫描后的图片

图 1-2-1-29　打印出的照片

分析：作为 Photoshop 的初学者，先要学会一些设备的使用方法和技巧。若通过扫描仪获取的图片不太清晰，则可能主要有以下几个原因：

1）扫描仪、打印机分辨率不高，设备老化。

2）色彩模式没有转换，图像显示的色彩模式和打印的色彩模式没有正确设置。

3）扫描和打印的分辨率设置错误，扫描的分辨率过低会使扫描出的图片不清楚，打印的分辨率过低也会影响图片打印的效果。

方法二：数码照相机翻拍。

除了扫描仪扫描之外，还可以使用数码照相机将老照片翻拍而达到数码存储的目的。数码照相机翻拍不如扫描仪简单，由于照片表面都会有一层薄膜，在光线的照射下会出现不同程度的反射光斑，所以翻拍对灯光的布置有一定的要求。可以采用加装有柔光箱的长明灯进行拍摄，光线可以比较柔和地打到照片上而不会出现反射光斑。首先要选择像素较高的数码照相机（分辨率由其生产工艺决定，在出厂时就固定了，用户只能选择不同分辨率的数码照相机，而不能调整一台数码照相机的分辨率），可以获得尺寸较大的文件作为原始图像，这对于后期处理有很大帮助；而在翻拍镜头的选择上，则应尽量选择 60 ~ 70mm 这一焦段。拍摄时，应尽量选择垂直的角度进行拍摄，如图 1-2-1-30 所示。拍摄后的照片传输于计算机并将其保存在指定的文件夹"D:\照片\扫描照片"中。

使用数码照相机对于灯光、镜头、曝光组合、色温控制均有一定的要求，翻拍有一些挑战性，也需要去学习一些专业的摄影知识。希望在以后的学习和工作中，大家可以边学习边使用。

利用 Photoshop 处理修改扫描后的照片是一个非常复杂的过程，也需要娴熟地使用此软件才能做到，所以用户需要学习一段时间，比较熟悉 Photoshop 中各个工具、菜单的功能后，再来探讨这一内容。

图 1-2-1-30　垂直的角度拍摄

小知识

Photoshop 中处理的图片一般可以通过以下几种方式获取：

1）通过绘图软件 CorelDraw、FreeHand、Fireworks、Illustrator、3ds Max 等获取。

2）通过扫描仪扫描获取。

3）通过数码照相机照相获取。

4）通过 PrintScreen 按键＋画图工具抓取屏幕获取。

5）通过互联网下载。

课后拓展

1）用数码照相机拍摄三张不同风格的照片导入 Photoshop，更改文件的大小为 1024 像素 ×768 像素，并且将每张照片分别设置为 72dpi 和 500dpi 进行排版打印，比较打印照片的效果。

2）用扫描仪扫描本书的封面并将其保存为 JPEG 格式和 TIFF 格式。

学习笔记

单元 2

数码照片的处理

任务 2.1
证件照的制作

学习目标

- 熟悉拍摄证件照时应搭建的摄影环境；
- 会拍摄证件照；
- 了解证件照的制作标准；
- 能制作不同规格的证件照；
- 能将生活照制作成证件照。

学习重点

- 会拍摄证件照；
- 能根据要求制作不同规格的证件照并打印；
- 能将生活照制作成证件照。

实例2.1.1　拍摄和制作证件照

　　某校有一批新生入学，需要用一寸和两寸证件照办理校牌、录入学籍资料等。按学校通知，要求在开学两周内把学校所有新生的证件照制作完毕。

　　实例要求：

　　1）分别制作两张学生的一寸证件照和两寸证件照。

　　2）证件照要清晰，学生精神面貌较好，五官都要露出，不佩戴饰品、不化妆，头发不披散、梳理整齐。

　　3）使用红色背景。

■ 实例分析

　　证件照即用作证件上的证明身份的照片，以蓝底一寸照片居多，两寸的照片也多用于证件照。

　　实例制作过程：照相采集人物图片，裁剪为证件照的尺寸，排版，打印。

■ 实例具体制作

　　1．知识准备

　　照相机、摄影棚、三盏可调节高度的灯、三角架、白色背景布、彩色打印机。

　　在距背景布约2m处架好三脚架；调整好光源，将最亮的一盏台灯放在接近镜头光心主轴到被摄者的延长线上，第二盏台灯放在另一侧辅助照明，第三盏台灯用于背景的照射；手动校正照相机的白平衡，并试拍测光。

　　（1）采集人物图片

　　1）学生排队准备拍摄。拍照学生衣着得体、整洁，头发不披散、梳理整齐，表情自然，拍摄时视线要投向照相机镜头方向。

　　2）拍摄。学生坐在背景布正前方1m左右的位置，调整人物姿态和眼神，抓住人物表现自然的一瞬间，按快门完成拍摄。

　　采集的个别学生图片如图2-1-1-1所示。

　　（2）裁剪为证件照

　　证件照的尺寸规格和像素要求如下：一寸照片（一张5寸照片纸

上排版 1 寸照片 8 张）为 2.5cm×3.5cm；两寸照片（一张 5 寸照片纸上排版 2 寸照片 4 张）为 3.5cm×5.3cm，分辨率至少为 300dpi。

2．实例制作的操作步骤

制作一寸、两寸证件照
——操作步骤及使用的命令、工具

01 导入拍摄的学生照片，如图 2-1-1-2 所示。

02 选择裁剪工具，在其工具选项栏"不受约束"处选择"大小和分辨率"选项，设置好裁剪框的固定大小和分辨率，将裁剪工具设置为固定大小 2.5cm×3.5cm（图 2-1-1-3，两寸证件照将裁剪工具设置为 3.5cm×5.3cm）。使用裁剪工具进行裁剪照片时，画面主要为人物的头部和胸部的上半部分，头部与上下边框的间距不要过大，如图 2-1-1-4 所示。

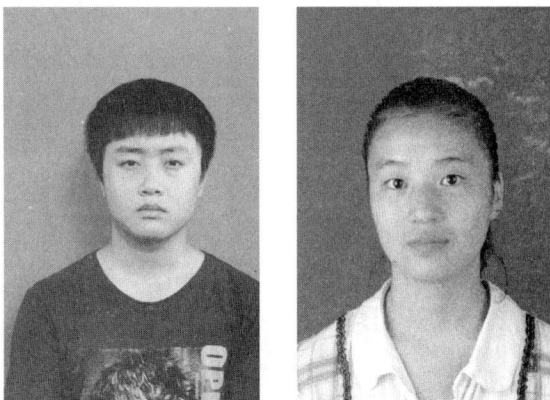

图 2-1-1-1　采集的个别图片

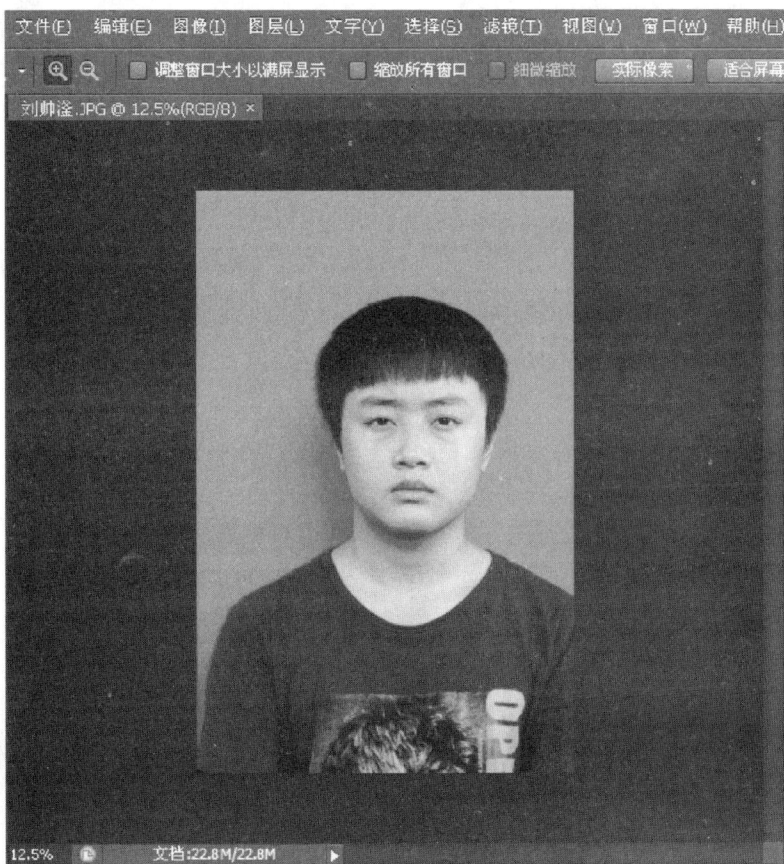

图 2-1-1-2　导入学生照片

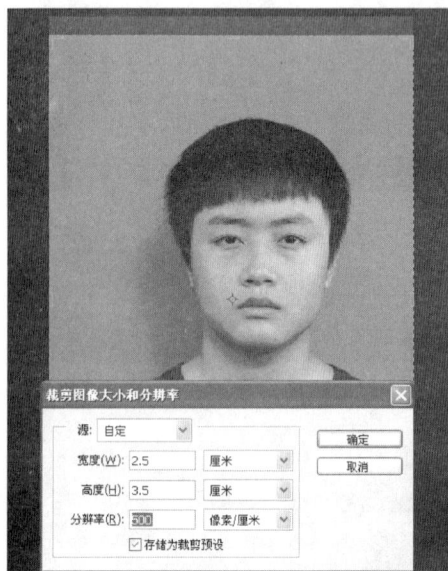

图 2-1-1-3 将裁剪工具设置为固定大小

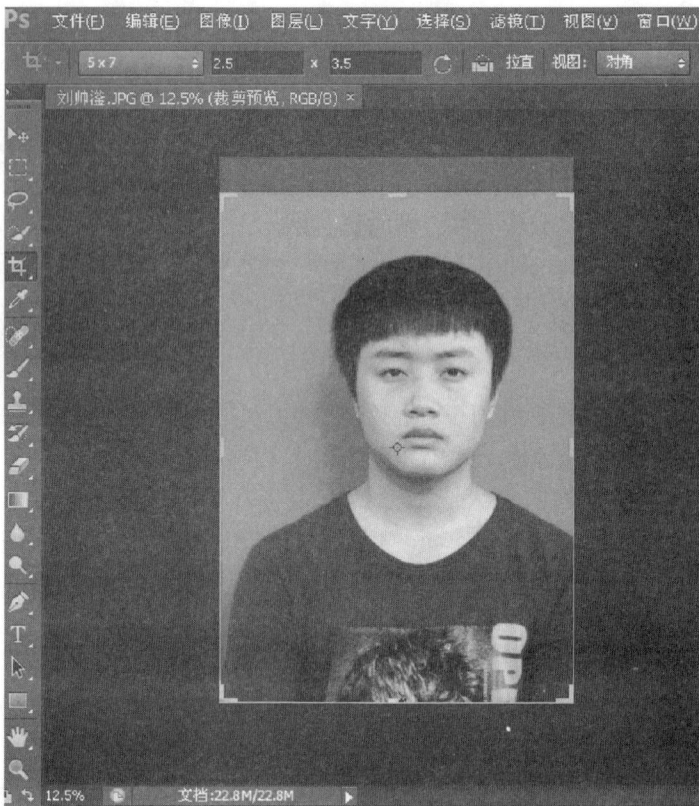

图 2-1-1-4 头部与上下边框的间距适当

03 一寸照片在 5 寸相纸上打印时应留有白边，以便修剪。将背景色设置为白色后，选择"图像">"画布大小"选项，弹出"画布大小"对话框，将一寸照片的文档画布宽度、高度同时扩展 0.4cm，勾选"相对"复选框，如图 2-1-1-5 所示。

04 选择"编辑">"定义图案"选项，弹出"图案名称"对话框，将图案命名为"一寸照片"，如图 2-1-1-6 所示，将本图定义为图案备用（两寸照片用相同的方法，只是命名为"两寸照片"）。

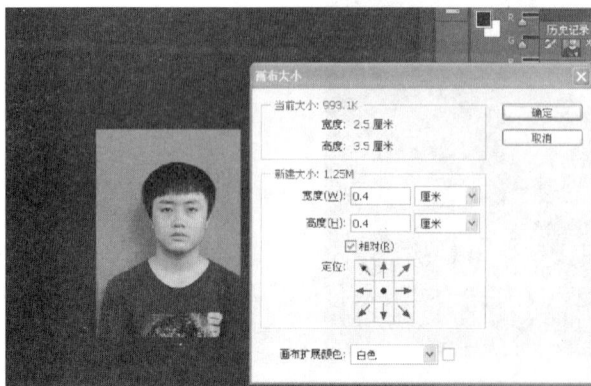

图 2-1-1-5 设置画布大小

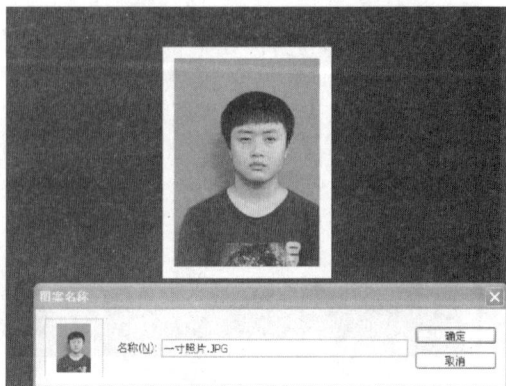

图 2-1-1-6 设置图案名称

05 新建一个 5 寸照片大小（12.7cm×8.9cm）的文档，如图 2-1-1-7 所示，选择"编辑">"填充"选项，弹出"填充"对话框，在"使用"下拉列表中选择"图案"（图 2-1-1-8），在"自定图案"中找到之前定义的图案"一寸照片"，该图案就会自动排版填充于新的文件中，将文件保存为"证件照"，即可打印备用。打印出的照片有多余的白边，可以进行批量修剪。

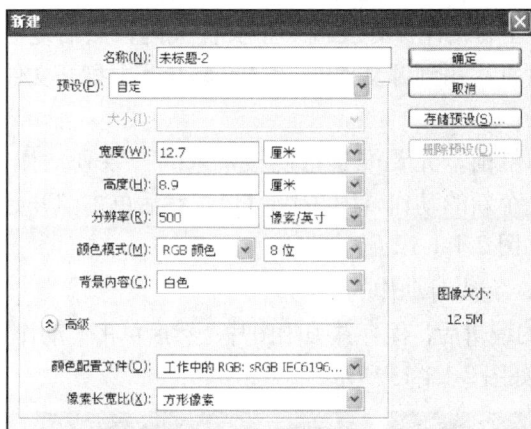

图 2-1-1-7　新建文档

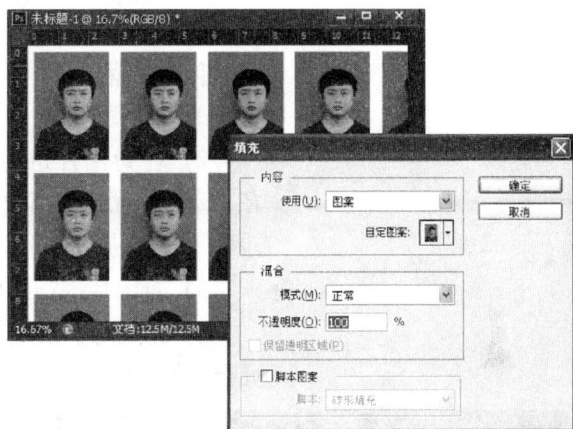

图 2-1-1-8　选择"自定图案"

06 最终效果如图 2-1-1-9 所示。

制作两寸证件照的方法与一寸证件照方法完全相同，只是在裁剪时两寸照片的大小为 3.5cm×5.3cm，排版时新建文件的宽度和高度大小互换，如图 2-1-1-10 所示。

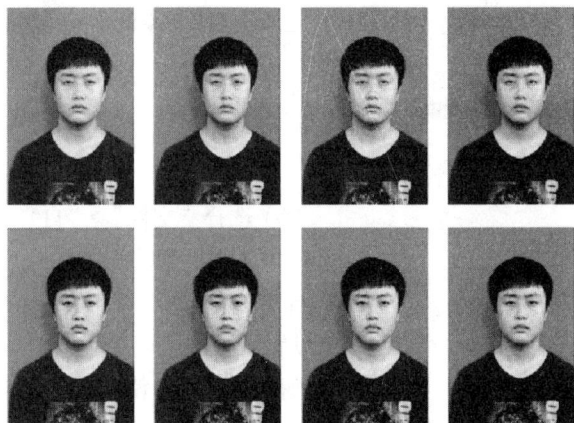

图 2-1-1-9　一寸证件照

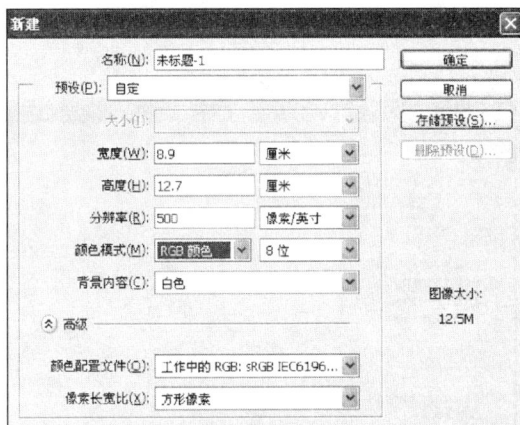

图 2-1-1-10　宽度和高度大小互换

3．批处理照片

由于需要制作证件照的数量比较多，而且每个学生在拍摄照片时的环境基本一致，所以拍摄出来的照片色调没有太大差别。制作每张证件照的具体步骤基本相同，如果高频率地对大量的图像进行同样的动作处理，工作量会很大，此时应用快捷批处理可以大大提高工作效率。因此对于本实例来说，可以先对照片进行简单处理，如去掉照片上明显的瑕疵（祛痘、眼睛大小不一致等），再执行批处理，就可以缩短制作时间，提高工作效率。

但是批处理的前提是进行统一的动作，如果其中的动作不能统一，则只能逐张进行操作。下面介绍批处理的操作方法。

1）先将要进行批处理的文件保存在同一个文件夹内，然后复制该文件夹并保存（这样可再次用到源文件）。在 Photoshop 中打开文件夹中的一个图片。

2）在对图片进行调整前，先要准备录制接下来的一系列动作。在"动作"面板中添加一个新的动作（图 2-1-1-11），然后单击"开始录制"按钮进行录制，如图 2-1-1-12 所示。

3）对图片进行编辑，完成对动作的录制。

4）完成对单张图片的编辑后，保存并关闭图片，然后单击"动作"面板中的"停止"按钮，如图 2-1-1-13 所示。

图 2-1-1-11　添加新动作　　　　图 2-1-1-12　开始录制　　　　图 2-1-1-13　停止录制

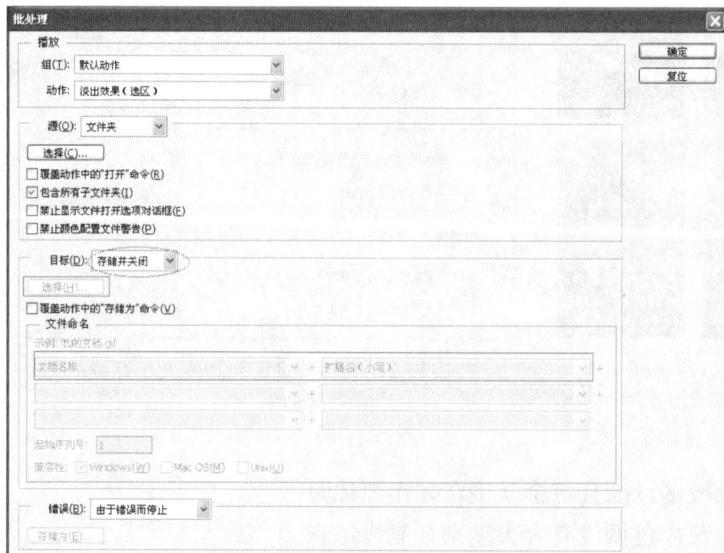

5）选择"文件">"自动">"批处理"选项，弹出"批处理"对话框。在设置"目标"时需注意，为了操作简便，使动作连续进行，在"目标"下拉列表中选择"存储并关闭"选项，如图 2-1-1-14 所示。

图 2-1-1-14　"批处理"对话框

批处理制作一寸、两寸证件照
——操作步骤及使用的命令、工具

01 用修复画笔工具对个别原始照片进行修改，去掉脸部的痘（图 2-1-1-15），用液化滤镜将眼睛大小不一致的调整为一致（图 2-1-1-16）等。

图 2-1-1-15　修复画笔工具使用的对比图

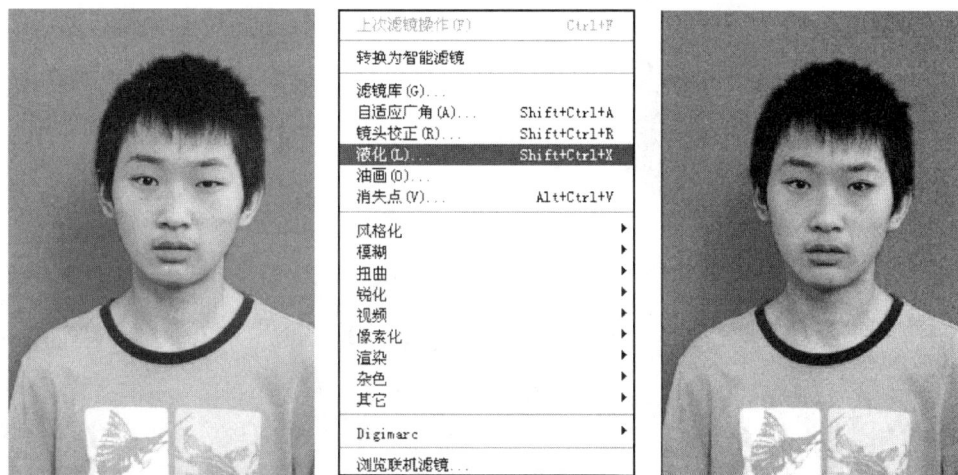

图 2-1-1-16　液化滤镜工具使用的对比图

02 先将照片按照一寸或者两寸的尺寸进行裁剪，并保存在一个固定的文件夹"已裁剪照片"中，如图 2-1-1-17 所示。此时可以运用 Photoshop 中的批处理命令对所有照片进行定义图案，排版成整张一寸或者两寸的证件照。

03 打开文件夹"已裁剪照片"中的一张照片进行处理，开始录制"动作1"：改变画布的大小，宽高、高度同时扩展 0.4cm，如图 2-1-1-18 所示，然后选择定义图案，保存文件，如图 2-1-1-19 所示。

停止录制动作，开始执行批处理命令，执行录制的"动作1"，将自动处理所有图片，完成扩展画布、定义图案和保存的操作。

图 2-1-1-17　保存已裁剪照片

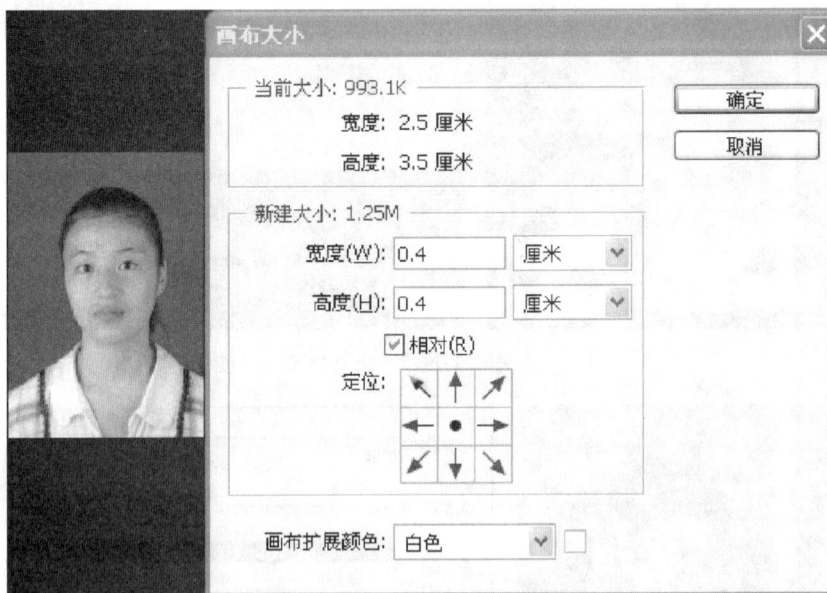

图 2-1-1-18　改变画布大小

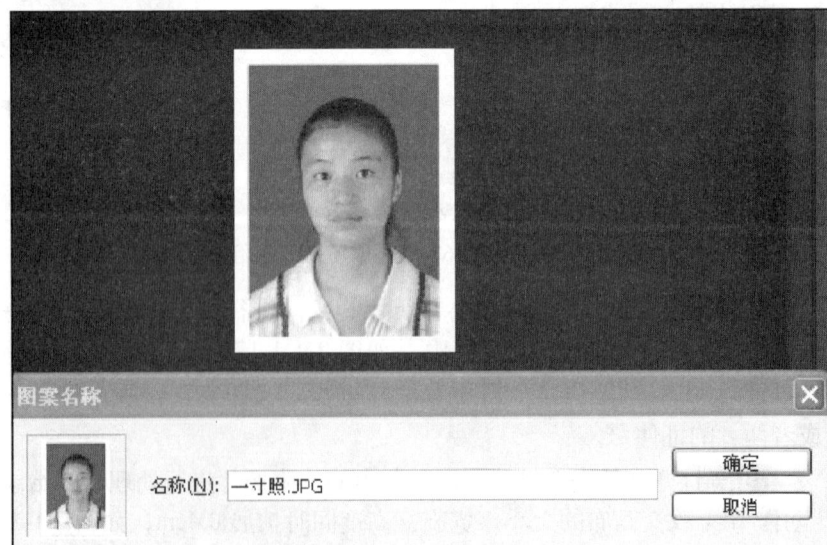

图 2-1-1-19　保存文件

04 针对每一张图片新建一个12.7cm×8.9cm的文件，如图 2-1-1-20 所示，填充图案，保存文件。

05 打开文件夹"已裁剪照片"中已经填充图案的一张照片进行裁剪，并开始录制"动作 2"，如图 2-1-1-21 所示。

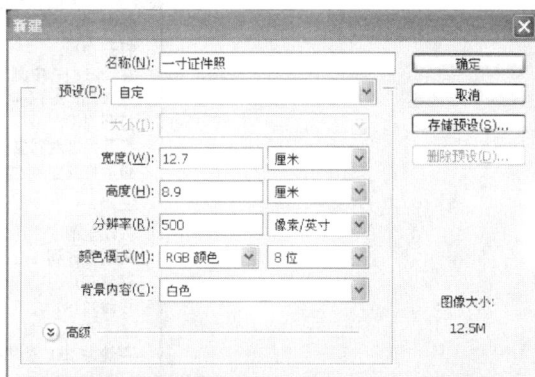

图 2-1-1-20 新建 12.7cm×8.9cm 的文件

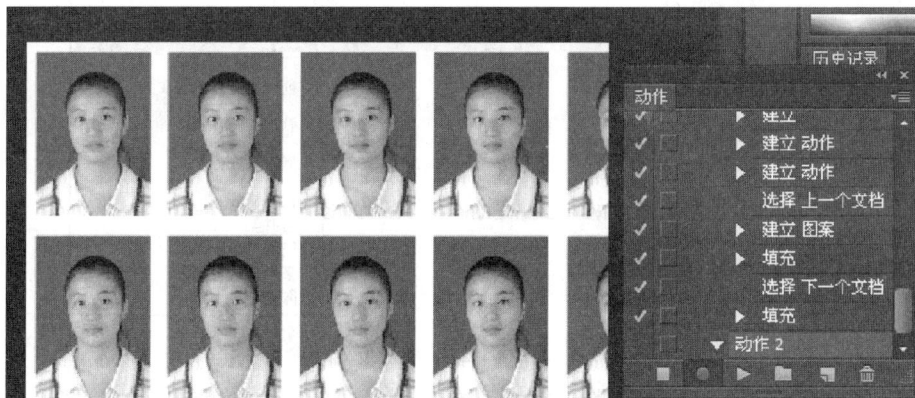

图 2-1-1-21 录制"动作 2"

06 裁剪成证件照（图 2-1-1-22），保存文件。

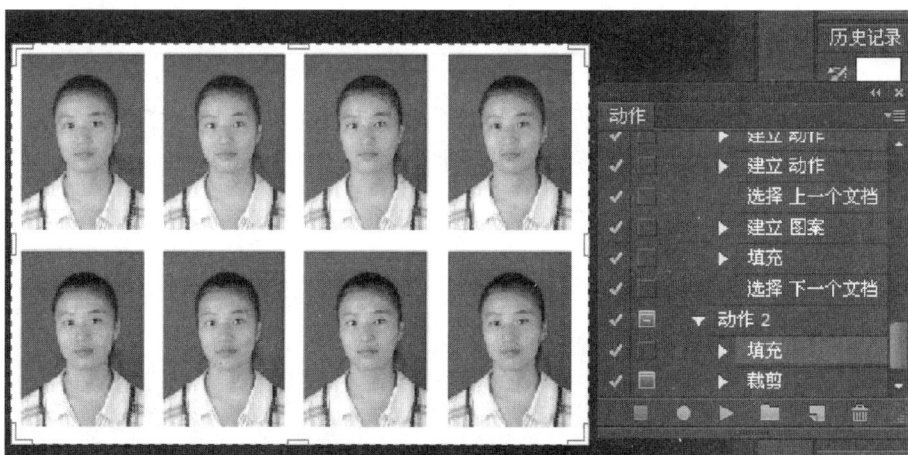

图 2-1-1-22 裁剪成证件照

07 停止录制动作，开始执行批处理命令，将所有照片自行裁剪处理（图 2-1-1-23）并保存到原来的文件夹内。

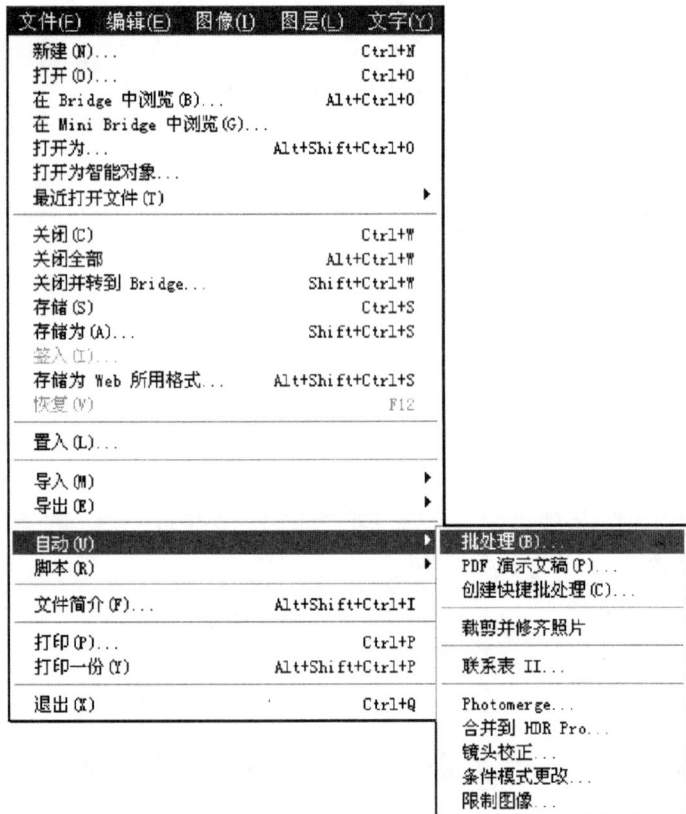

图 2-1-1-23 执行批处理命令

两寸照片的制作也可以用批处理的方法，这样可以节约时间。

课后拓展

用数码照相机为自己的父母拍摄照片，制作一寸、两寸证件照，并打印裁剪好交给父母。

实例2.1.2 生活照制作证件照

有部分学生在学习过程中探讨：生活照是否可以制作成证件照？答案是可以的。

实例要求：

1) 拍摄生活照时一定要穿着整洁，精神面貌要好。
2) 对生活照中的人物进行简单调色和皮肤处理。
3) 用红色背景。

■ 实例分析

由于有些摄影店摄影水平有限，或者被拍摄者表情不到位等原因，拍摄的证件照令人不是很满意，但这些证件照又经常在生活中使用，因此可以将生活中较理想的照片制作成证件照。生活照制作证件照的方法非常简单，只需要使用 Photoshop 软件，通过抠图使照片只保留头部和肩部，然后根据证件要求添加红色或白色或蓝色的底色就可以排版打印了。

制作过程：收集照片—抠图—调色—排版。

■ 实例具体制作

1. 知识准备

认识软件中需要使用的相关命令和工具。

（1）选框工具

在 Photoshop CS6 中，根据选框形状的不同，工具箱中的选区工具可分为两种：规则选框工具和不规则选框工具。

1）规则选框工具如图 2-1-2-1 所示。将鼠标指针定位在矩形选框工具上，按住左键 2s 以上，会显示其他隐藏工具，如椭圆选框工具、单行选框工具、单列选框工具。利用这些工具创建的选区都是规则整齐的。

① 矩形选框工具和椭圆选框工具：选取工具，在工作区拖动鼠标指针时，按住 *Shift* 键，可以创建正方或正圆选区。按 *Alt* + *Shift* 组合键可以创建从中心出发的正方或正圆选区。这两个工具在其选项栏中都可以通过设置样式来固定选框的长宽比例和大小。

② 单行选框工具和单列选框工具：它们以 1 像素为单位进行选取

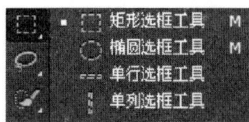

图 2-1-2-1　规则选框工具

行或列，利用这两个工具在 Photoshop 中制作网格很方便。

2）不规则选框工具如图 2-1-2-2 所示。将鼠标指针定位在套索工具上，按住左键 2s 以上，会显示其他隐藏工具，如多边形套索工具、磁性套索工具。

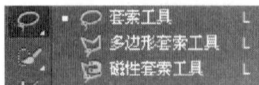

图 2-1-2-2　不规则选框工具

① 套索工具：按住左键不动，结束时回到起始点，松开左键完成选区创建。

② 多边形套索工具：选用该工具后，在画布中单击，以直线为单位进行绘制，结束时光标处右下方出现"o"标记，表示终点和起始点重合在一起。

③ 磁性套索工具：其原理是自动分析色彩边界，在经过的轨道上找到色彩的分界并把它们连接起来形成选区。在创建选区时，根据鼠标指针的移动自动添加节点，结束时光标处右下方出现"o"标记，表示终点和起始点重合在一起。

利用这些工具可以制作出不规则的选区，如有大致轮廓、不细致的选区。如果想勾画出圆润、细致的轮廓，则需先使用钢笔工具制作路径，然后将其转为选区。

（2）魔棒工具组

魔棒工具组（图 2-1-2-3）是 Photoshop 中提供的一种比较快捷的抠图工具。对于一些分界线比较明显的图像，通过魔棒工具可以实现快速抠图，其最重要的属性是"容差"。容差即为魔棒在自动选取相似选区时的近似程度，容差越大，被选取的区域近似程度就越大，所以适当地设置容差是很有必要的。

图 2-1-2-3　魔棒工具组

（3）钢笔工具组

钢笔工具组（图 2-1-2-4）是抠图、制作超炫线条必不可少的工具。在工具栏中显示"钢笔头"的图标，快捷键是 $\boxed{P}$。

1）钢笔工具：选中钢笔工具后在界面中单击，会看到点之间有线段相连，这些点称为"锚点"，锚点间的线段称为"片断"。使用画布可创建笔直的路径线段，单击并拖动可创建弯曲的贝兹曲线路径，如图 2-1-2-5 所示。

图 2-1-2-4　钢笔工具组

2）自由钢笔工具：选中自由钢笔工具后，单击画布并拖动可如使用画笔一样自由绘制路径，如图 2-1-2-6 所示。

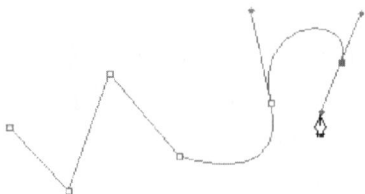

图 2-1-2-5　贝兹曲线路径　　　　图 2-1-2-6　自由绘制路径

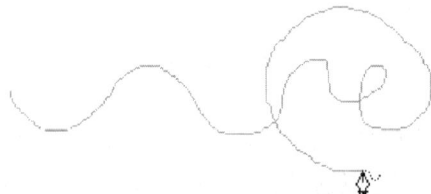

3）添加锚点工具：选中添加锚点工具后，单击路径线段可添加锚点，如图 2-1-2-7 所示。

4）删除锚点工具：选中删除描点工具后，单击路径锚点可删除锚点，如图 2-1-2-8 所示。

5）转换点工具：选中转换点工具后，单击普通锚点并拖动可创建贝兹手柄，如图 2-1-2-9 所示，再单击已有锚点可删除手柄。

图 2-1-2-7　添加锚点　　　　　图 2-1-2-8　删除锚点　　　　　图 2-1-2-9　贝兹手柄

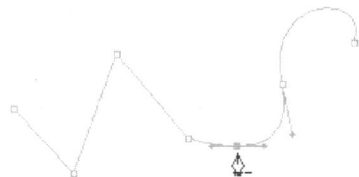

选择钢笔工具后，工具选项栏（图 2-1-2-10）中需要进行一些基本设置，选择"形状"选项后，所绘路径会形成一个图形，不仅在"路径"面板中可见，而且会在"图层"面板中形成一个矢量遮罩层，如图 2-1-2-11 所示。

矢量遮罩层对初学钢笔工具的人来说比较困难，此功能可以暂时不使用，在对钢笔工具知识有一定的了解之后，再进行学习。

图 2-1-2-10　钢笔工具选项栏

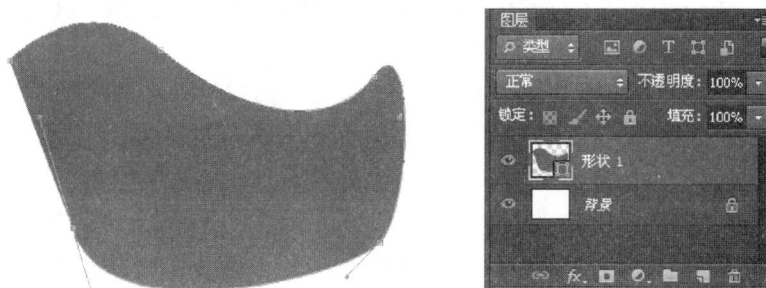

图 2-1-2-11　所绘路径及矢量遮罩层

选择"路径"选项（图 2-1-2-12）后，所绘路径会在"路径"面板中形成可见路径。它不会产生新的图层，只是单纯的线条，可以转换成选区，如图 2-1-2-13 所示。

图 2-1-2-12　选择"路径"选项

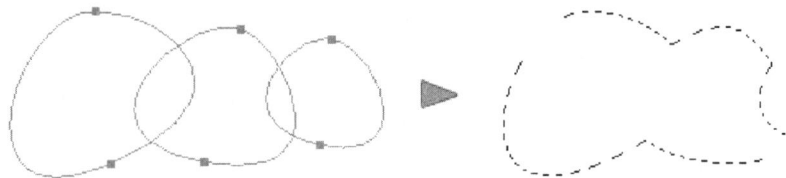

图 2-1-2-13　可见路径转换成选区

使用钢笔工具时有如下一些小技巧：

1）在创建曲线路径时，从第一个锚点开始拖动手柄，至曲线的 1/3 处即可创建平滑路径，如图 2-1-2-14 所示。

2）把锚点定位在曲线开始改变方向的位置，而不是曲线的中间，如图 2-1-2-15 所示。

图 2-1-2-14　创建平滑路径　　　　图 2-1-2-15　锚点定位

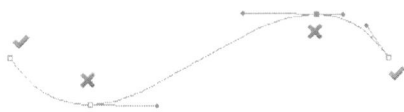

3）在创建或编辑锚点与手柄时，按 $Shift$ 键可将活动范围约束在 45°、90°、135° 或 180°。

4）直接选择工具和锚点，然后按 $Delete$ 键，该锚点与临近的路径线段都将被删除，只留两条路径。

5）选择钢笔工具并按 Alt 键可将其转变成转换点工具。

6）绘制路径时选择钢笔工具并按 Alt 键，可转变成直接选择工具，可修改已绘制好的锚点。

在 Photoshop 中使用钢笔工具抠图时，对象轮廓要清晰、整洁，如抠取一瓶饮料、人物身体的某个部位等，这些素材用钢笔工具进行抠图时，效果十分显著。但是如果使用钢笔工具抠取诸如飘起的发丝或者鹅绒类的素材时，抠图过程尽管再仔细，效果也会很差。所以在使用钢笔工具前要先分析该图是否适合用此工具，这样才能事半功倍。

（4）裁剪工具组

Photoshop 的裁剪工具组（图 2-1-2-16）如同我们用的裁纸刀，可以对图像进行裁剪，使图像文件的尺寸发生变化。这个工具的快捷键是 C。

裁剪工具的工具选项栏如图 2-1-2-17 所示。

1）不受约束：可选择固定的数值，或者自行设定大小和分辨率，直接完成对图片的裁剪。

2）视图：可根据不同的视图选择，对图像进行定位，更准确地裁剪图片。

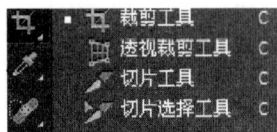

图 2-1-2-16　裁剪工具组

图 2-1-2-17　裁剪工具选项栏

（5）曲线调整图像亮度

Photoshop 把图像亮度大致分为三个部分：暗调、中间调、高光。"曲线"对话框中直线的两个端点分别表示图像的高光区域和暗调区域，直线的其余部分统称为中间调（图 2-1-2-18）。两个端点可以分别调整，单独改变暗调点和高光点，可以将暗调或高光区域加亮或减暗；而改变中间调可以使图像整体加亮或减暗（在线条中单击即可产生拖动点），但是明暗对比没有改变。

不同曲线调整对比度 / 亮度的效果如下：

1）曲线向上（增加亮度），即将曲线向上拉，照片亮度会相应提高，如图 2-1-2-19 所示。

2）曲线向下（降低亮度），即将曲线向下拉，照片亮度则会下降，如图 2-1-2-20 所示。

3）S 形曲线（增加反差），即将曲线向内推，照片反差会相应提高，如图 2-1-2-21 所示。

4）反 S 形曲线（降低反差），即将曲线向外拉，照片反差则会下降，如图 2-1-2-22 所示。

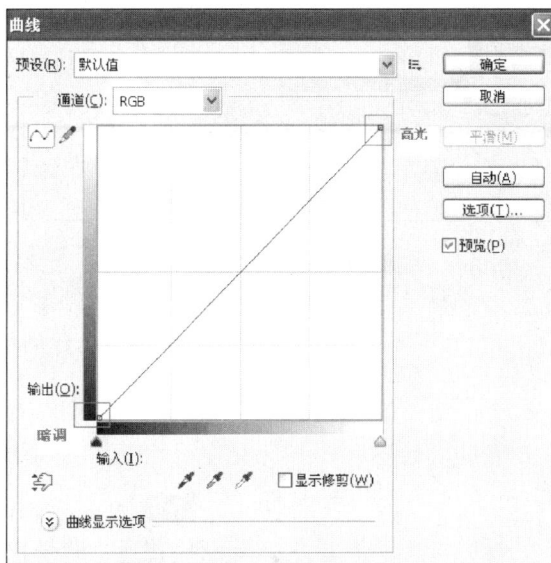

图 2-1-2-18　三种图像亮度

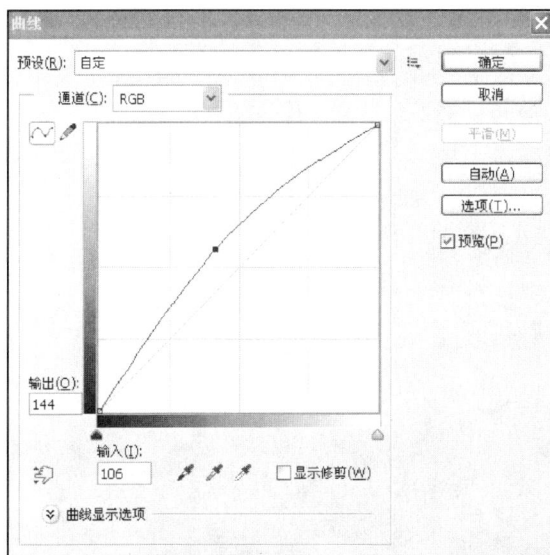

图 2-1-2-19　增加亮度

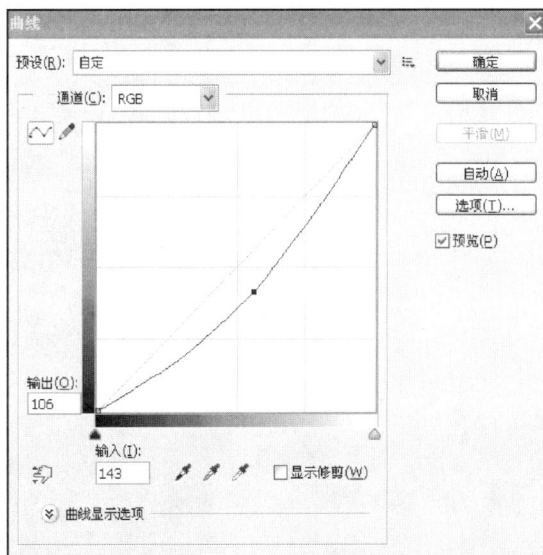

图 2-1-2-20　降低亮度

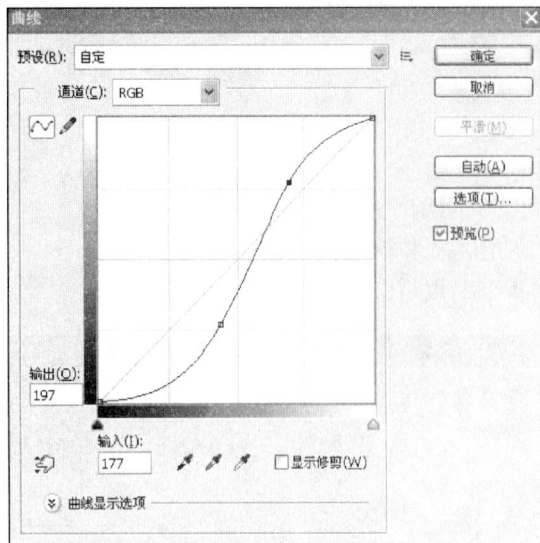

图 2-1-2-21　增加反差

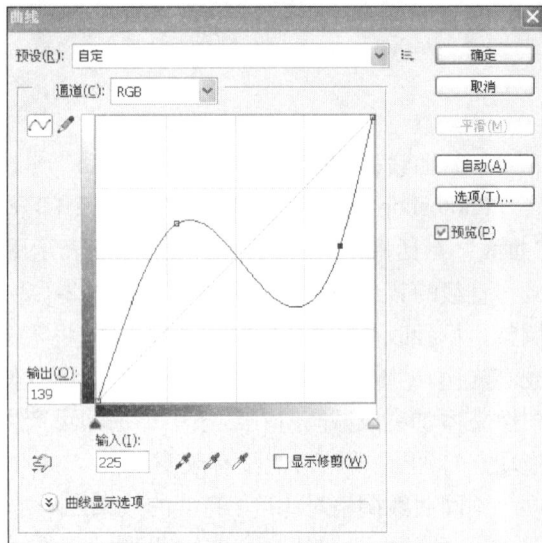

图 2-1-2-22　降低反差

2. 实例制作的操作步骤

生活照制作证件照
——操作步骤及使用的命令、工具

01 打开要制作证件照的素材（一张生活照，图 2-1-2-23），本素材较普通，背景也很简陋，不是一般证件照所规定的颜色。图片色调比较暗，人物脸部有两颗比较明显的痣，看起来不美观，要求证件照中没有这两颗痣。

图 2-1-2-23　制作证件照的素材

02 选择放大镜工具将图像放大一倍，便于细节点上的抠图。利用钢笔工具，沿着人物的轮廓进行锚点和拖动，调节锚点间的片段幅度，将人物抠取出来，如图2-1-2-24所示。

03 按 `Ctrl` + `Enter` 组合键形成选区，再选择"选择" > "调整边缘"选项，弹出"调整边缘"对话框，对抠图中的边缘进行检测和调整，如图2-1-2-25所示。

04 新建一个白色背景文档，选择移动工具将选区中的人物图像拖入新建的文档，如图2-1-2-26所示。如果抠图中有瑕疵，可以用橡皮擦进行简单修改。

图 2-1-2-24　抠取图像

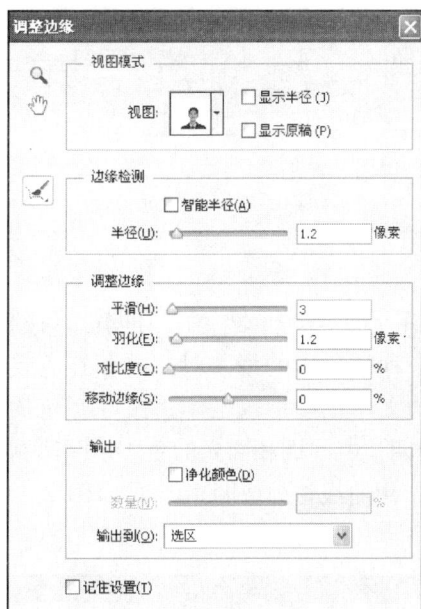

图 2-1-2-25　边缘检测和调整

图 2-1-2-26　导入图像

05 选择修复画笔工具，按住 `Alt` 键，在皮肤比较好的区域单击进行取样，如图2-1-2-27所示。

06 用修复画笔工具将人物脸部比较明显的瑕疵（痣和胡须等）修复，可以多次取样，一边取样一边涂抹，直到效果满意为止，如图2-1-2-28所示。

07 选择"图像" > "调整" > "曲线"选项，弹出"曲线"对话框，拖动曲线的中间调并向上拉，提高图像的亮度和对比度；再选择"图像" > "调整" > "色彩平衡"选项，弹出"色彩平衡"对话框，如图2-1-2-29所示，增加少许红色和黄色，将人物脸部的皮肤颜色调整得更白皙、红润，人也看起来更精神。

图 2-1-2-27　用修复画笔工具取样

图 2-1-2-28　修复后的效果图

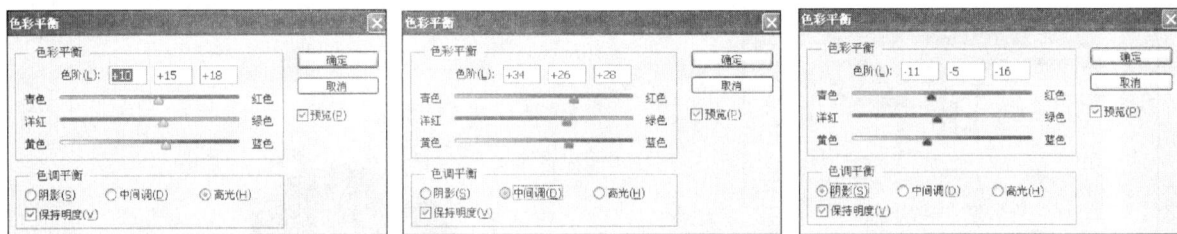

图 2-1-2-29　色彩平衡的调整

08 色彩平衡中的三组颜色通过调整滑块来控制，每组对应的颜色为互补色。当滑块滑动时，一种颜色值的增加对应的互补色就减少，也可以直接在"色阶"后的文本框中填入数字来改变颜色的饱和度。色彩平衡可以分别调整暗调、中间调和高光的色彩，以达到色彩的平和自然。调整图像的色调，用曲线将图像调亮，如图 2-1-2-30 所示。

图 2-1-2-30　图像调亮

09 选择魔棒工具并设置文档背景，将前景色设置为纯红色并填充背景（图2-1-2-31和图2-1-2-32）【注意：证件照的背景色一般有三种，即纯红色（R255、G0、B0）、深红色（R220、G0、B0）、蓝色（R60、G40、B220）】。

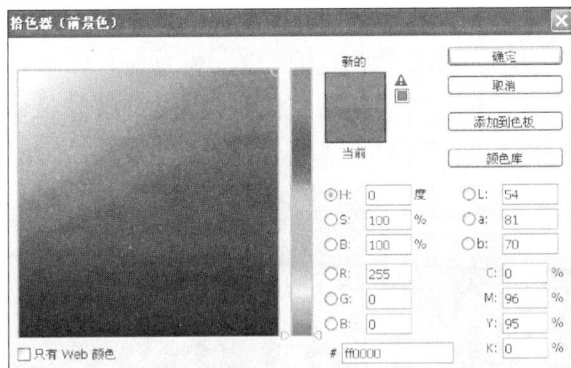

图2-1-2-31 设置文档背景

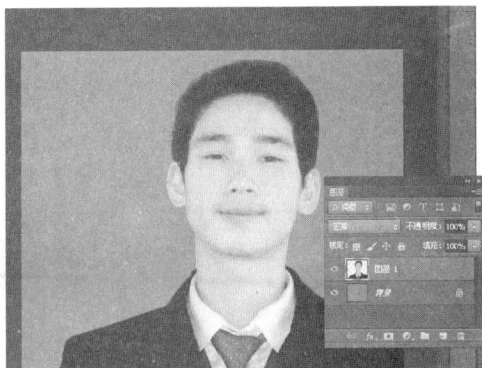

图2-1-2-32 填充背景后的效果

10 选择裁剪工具，在其选项栏中设置固定宽度（2.5cm×3.5cm，图2-1-2-33），分辨率为300dpi。用裁剪工具固定裁剪出一寸照片的大小，裁剪时要根据人物图像规整地裁剪出人物，如图2-1-2-34所示，保存文档，一张一寸的照片就制作完成了。

11 多张一寸照片在5寸相纸上打印时都留有白边，以便修剪成单张一寸照片，所以要在标准的一寸照片上加白边。可以在将背景色设置为白色后，选择"图像">"画布大小"选项，弹出"画布大小"对话框，将一寸照片的文档画布宽度、高度同时扩展0.4cm，如图2-1-2-35所示。

图2-1-2-33 设置固定宽度

图2-1-2-34 规整地裁剪出人物

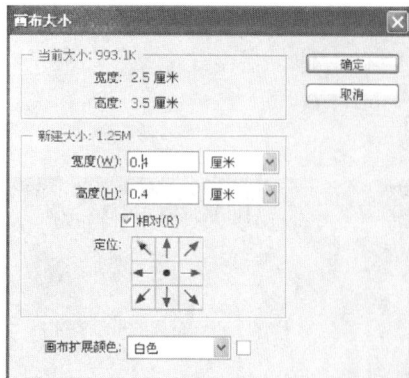

图 2-1-2-35 调整画布宽度、高度

12 选择"编辑">"定义图案"选项，弹出"图案名称"对话框，将图案命名为"一寸照"，单击"确定"按钮，将本图定义为图案备用，如图 2-1-2-36 所示。

13 新建一个文档，大小为 11.6cm×7.9cm，如图 2-1-2-37 所示，分辨率为 500dpi（因为原始图片的分辨率为 500dpi），背景为白色。为方便打印后修剪，需留有白边，所以新建文档可以比 5 寸照片尺寸（12.7cm×8.9cm）稍微小一些。

图 2-1-2-36 定义图案备用

14 选择"编辑">"填充"选项，弹出"填充"对话框，在"使用"下拉列表中选择"图案"选项。

15 在"自定图案"中找到自定义的图案名"一寸照"，单击"确定"按钮，定义的图案自动排版填充到新的文件中。

16 将文件保存为"一寸证件照"后方可打印，打印的照片效果如图 2-1-2-38 所示。

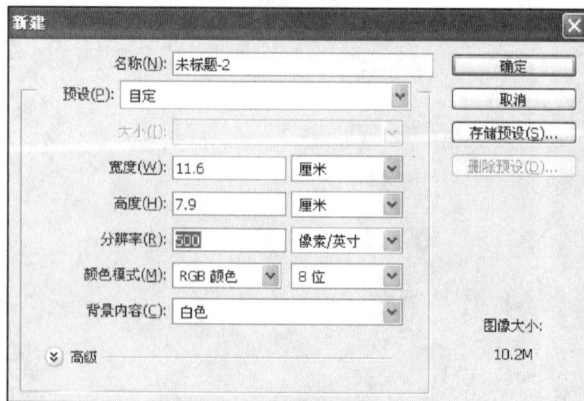

图 2-1-2-37 新建文档尺寸

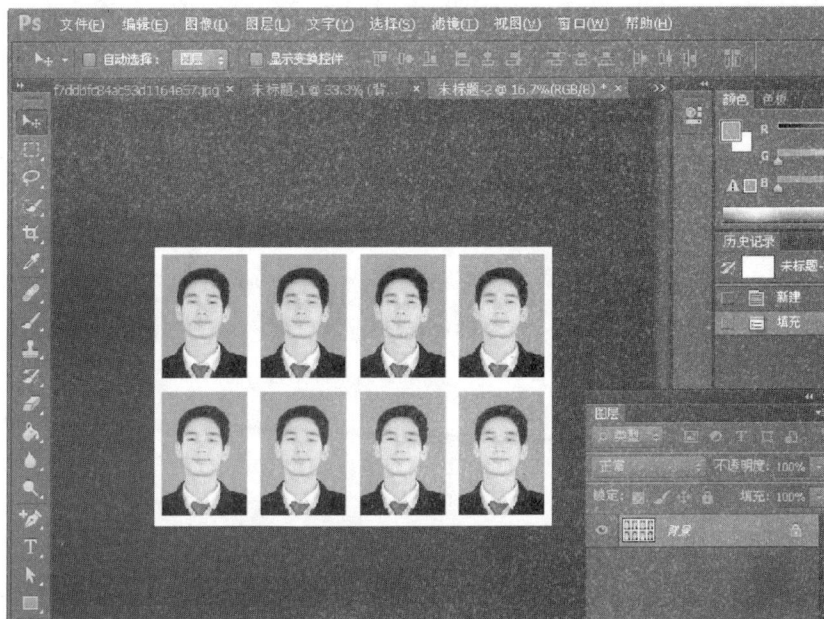

图 2-1-2-38　打印的照片效果

小知识

一般标准证件照片的尺寸和一般的排版规则

　　标准证件照的要求是免冠（不戴帽子）正面照片，正常情况下，照片上应该看到人的两耳轮廓和相当于男士的喉结处。照片尺寸可以为一寸或两寸，颜色可以为黑白或彩色，所拍人物不得涂唇膏等（影响真实面貌的化妆色彩），包括头发的染色。

　　标准照尺寸如下：

　　1 寸证件照尺寸：25mm×35mm，在 5 寸相纸中排 8 张。

　　2 寸证件照尺寸：35mm×49mm，在 5 寸相纸中排 4 张。

　　3 寸证件照尺寸：35mm×52mm。

　　护照证件照尺寸：33mm×48mm。

　　大二寸证件照尺寸：35mm×45mm。

　　毕业生证件照尺寸：33mm×48mm。

　　身份证证件照尺寸：22mm×32mm。

　　驾照证件照尺寸：21mm×26mm。

课后拓展

　　用自己的生活照制作一张身份证证件照。

普通生活照的处理

学习目标

- 熟悉生活照需要处理的多种问题;
- 能用多种方法处理照片曝光问题;
- 能用多种方法处理照片偏色问题;
- 能用多种方法处理照片中的瑕疵;
- 能用多种方法处理照片中人物皮肤问题;
- 能用不同蒙版虚化图像背景和合成图像;
- 能针对不同图像采用不同方法抠图。

学习重点

- 熟悉照片中需要处理的多种问题;
- 能根据要求处理照片中的问题或对图像
  进行再创作(抠图、合成等)。

实例2.2.1 曝光不足照片处理

编者在某婚纱影楼接到一些任务，即帮摄影店调整某些曝光不足的照片。生活中，人们平时用照相机拍照，由于天气、技术等原因，也会出现照片曝光不足的情况，下面介绍如何使用 Photoshop 软件进行修正。

实例要求：

1）保留照片源文件。

2）照片处理后颜色要自然，照片中的景物和人物清晰可见。

3）照片处理后保存为 JPG 格式。

4）调整好的照片用"附件"发送到指定电子邮箱。

■ 实例分析

1. 照片曝光不足的原因

控制曝光就是通过照相机的快门和光圈来控制进光量。现在人们使用的照相机都有测光表和自动曝光功能，一般情况下能够得到准确的曝光，只是在特殊环境下要求有控制曝光的技术。例如，夜景和逆光拍摄，若依靠自动曝光功能就有可能曝光失误，此时就需要根据具体情况进行曝光补偿。所以拍摄者需要具备一定的经验，能够合理控制曝光补偿。

数码照相机的感光元件必须通过镜头接受到一定强度的光线投射后才能形成影像，在进光量最适合的情况下，影像的层次最丰富，色彩还原最正常，此时称为曝光准确。超过这个标准（进光量过大）就是曝光过度，达不到这个标准（进光量过小）就是曝光不足。曝光过度和不足都会使照片失去影像细节。

2. 实例的制作过程

1）收集曝光不足的照片。

2）调整照片的曝光。

3）调整照片的色彩。

4）照片存储到指定文件夹。

5）压缩文件夹并发送到指定电子邮箱。

■ 实例具体制作

1．收集素材

1）教师从数码摄影店获取照片。

2）学生从平时拍摄的照片中挑选出曝光不足的几张。

2．知识准确

根据曝光不足照片的具体情况，利用 Photoshop 修正照片的主要方法如下：

1）用曲线调整整体灰暗的照片。

2）用阴影/高光调整逆光拍摄照片。

3）用色阶调整照片。

4）用图层模式调整照片。

3．实例制作的操作步骤

用曲线调整曝光不足的照片

——操作步骤及使用的命令、工具

01 按 Ctrl + O 组合键，打开一张曝光不足的照片（图 2-2-1-1），整个画面看起来很暗淡。

02 选择背景图层。选择"图层">"复制图层"选项（图 2-2-1-2），弹出"复制图层"对话框，单击"确定"按钮。这样即可复制一个背景图层，如图 2-2-1-3 所示。

图 2-2-1-1　曝光不足的照片

图 2-2-1-2　执行"复制图层"命令　　图 2-2-1-3　复制一个背景图层

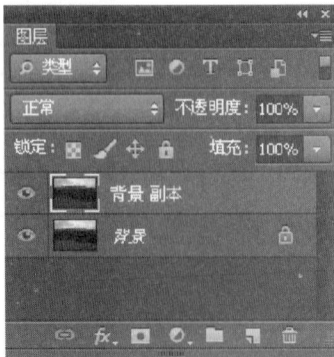

03 将"背景副本"图层的混合模式改为"滤色"方式，如图 2-2-1-4 所示。这时，曝光不足的照片已经比刚打开时亮了很多，如图 2-2-1-5 所示。

04 选择"背景副本"图层。选择"图层">"向下合并"选项，如图 2-2-1-6 所示，或按 **Ctrl** + **E** 组合键将"背景副本"图层与"背景"图层合并为一层，然后对照片的细节进行进一步的恢复。

图 2-2-1-4 "滤色"方式　　　　图 2-2-1-5 亮度提升后的照片

05 选择"图像">"调整">"曲线"选项，如图 2-2-1-7 所示，或者按 **Ctrl** + **M** 组合键，弹出"曲线"对话框，如图 2-2-1-8 所示。调节水平线，将暗部向上提亮，高光部分向下变暗，曝光不足照片细节便可恢复。

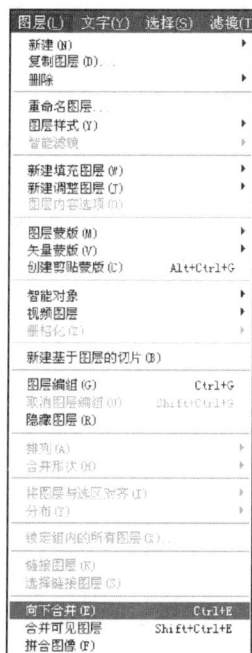

图 2-2-1-6 执行"向下合并"命令　　　图 2-2-1-7 执行"曲线"命令

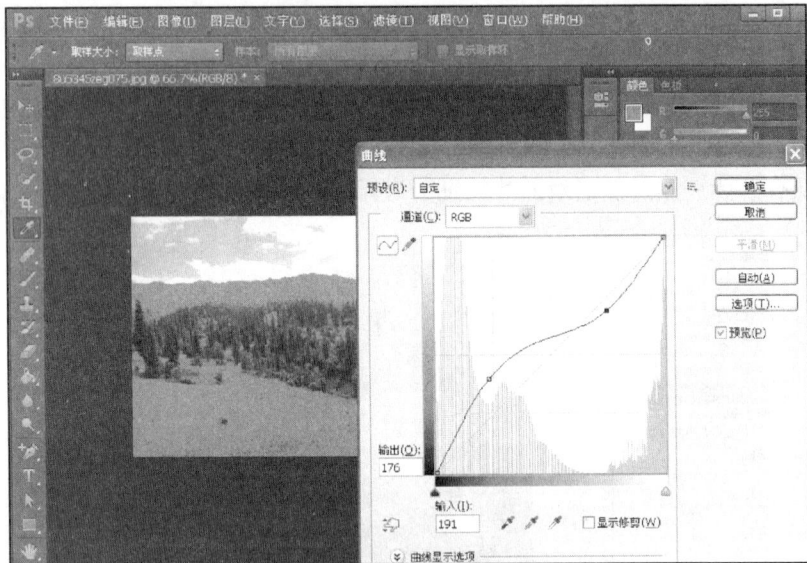

图 2-2-1-8 调节"水平线"

用阴影 / 高光调整曝光不足照片
——操作步骤及使用的命令、工具

有一些照片质量差，不是因为整体曝光不足，而是因为逆光，或者在树阴下、建筑旁等而使得照片部分光线不足，对于这样的照片可以用"图像 > 调整 > 暗调 / 高光"进行调整。例如，软件安装文件内的样本中的一个图片就可以这样处理。

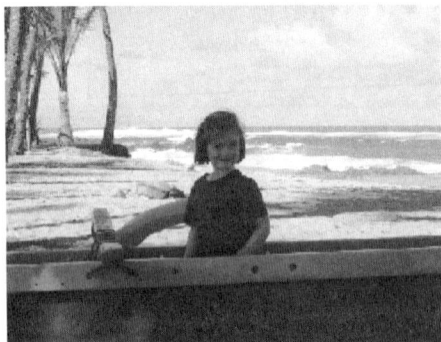

图 2-2-1-9 "岛上的女孩"图片

01 打开"岛上的女孩"图片，如图 2-2-1-9 所示。

02 将背景图层直接拖动到"创建新图层"图标上（图 2-2-1-10），得到"背景副本"，选择"图像" > "调整" > "阴影 / 高光"选项，如图 2-2-1-11 所示。

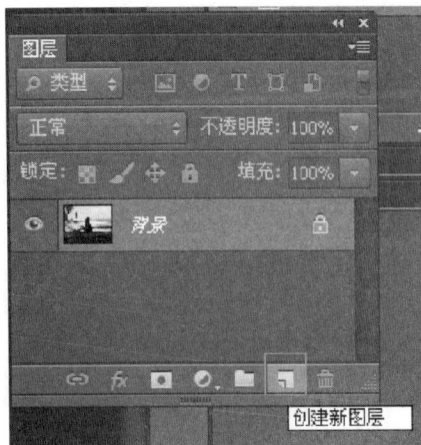

图 2-2-1-10 拖动背景图层

图 2-2-1-11 执行"阴影 / 高光"命令

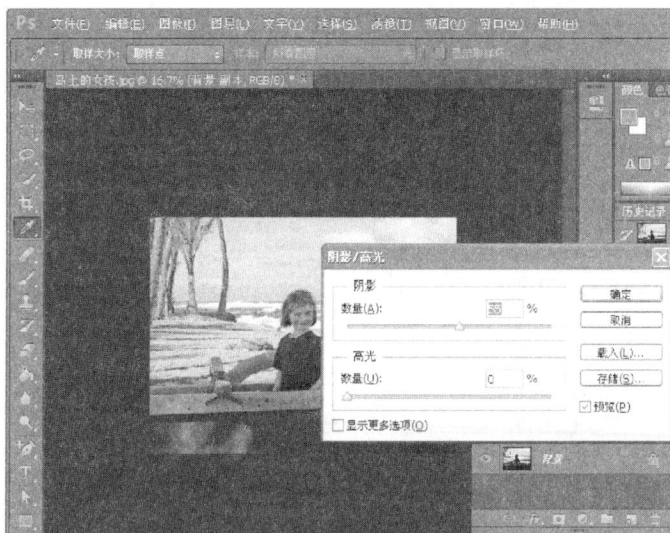

图 2-2-1-12　调整阴影／高光参数

03 调整阴影、高光参数（图 2-2-1-12）到满意为止，保存为 JPEG 格式并存储到指定文件夹。

参数调整前后对比图如图 2-2-1-13 所示。

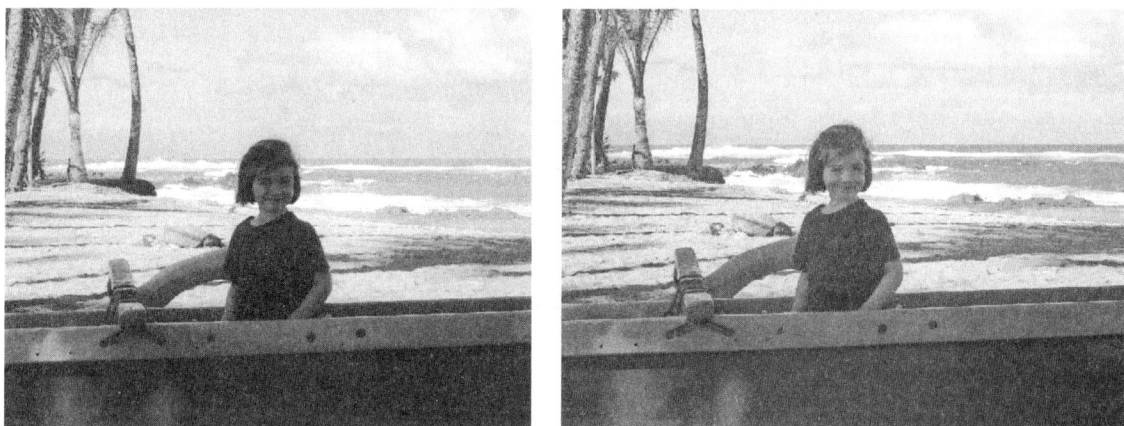

图 2-2-1-13　参数调整前后对比图

用色阶调整曝光不足照片
——操作步骤及使用的命令、工具

01 打开"男孩"图片（图 2-2-1-14）后，将背景复制一层。

02 选择"图像">"调整">"色阶"选项，如图 2-2-1-15 所示，或按 *Ctrl* + *L* 组合键，弹出"色阶"对话框，如图 2-2-1-16 所示。

03 该对话框中显示的直方图将图像按照亮度从暗到亮、从左到右分成了 256 个色阶，然后根据图像中所有像素点的亮度值得出每个色阶被使用的数量，并绘成直方图。因此，直方图中显示右边的色阶使用率越高，图像越亮；反之，左边的色阶使用率越高，图像越暗。

图 2-2-1-14 "男孩"照片

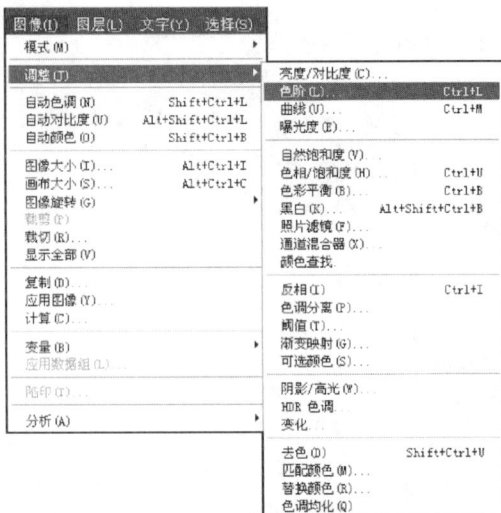

图 2-2-1-15 执行"色阶"命令

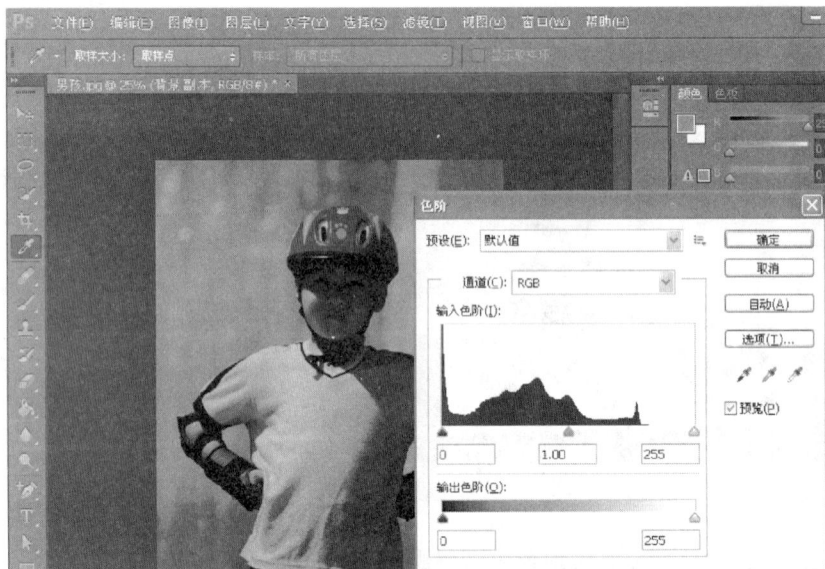

图 2-2-1-16 "色阶"对话框

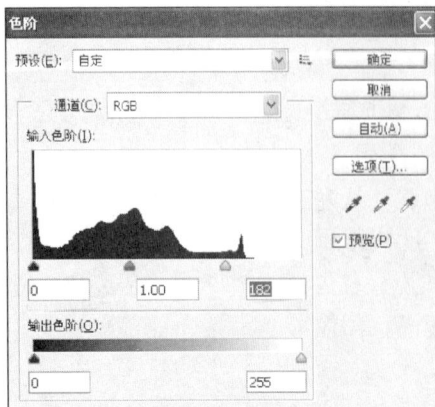

图 2-2-1-17 移动滑块调整图像亮度

04 从直方图 2-2-1-16 中可以看出,这幅图像的像素大都集中在直方图的左边,右边几乎为空白。因此图像偏暗,可以拖动直方图中最右端的白色滑块到像素比较集中的区域,如图 2-2-1-17 所示。

调整好参数后单击"确定"按钮,图像被调整为图 2-2-1-18。

05 此时图像的左下角部分及背景部分已变亮,但人物的右侧部分仍然较暗,可以先用选取工具选中要调整或处理的区域,即选中图像中的右上角部分,然后进行调整或处理。

06 在工具箱中选择多边形套索工具，如图 2-2-1-19 所示。单击开始绘制选区，然后每次单击就会增加一个多边形顶点，双击可以自动连接当前顶点与开始点，即双击可以完成选区的绘制，如图 2-2-1-20 所示。

07 选中人物的右上角部分，发现手臂与身体之间有一块背景也被选中了，因此需要将背景部分从选区中去除。在软件工作界面的绘图工具选项栏中单击"从选区减去"按钮，如图 2-2-1-20 所示。将手臂与身体之间的背景部分选中，则该部分就会被去除。

08 为了在调整后使图像中被调整的区域与未被调整的区域自然过渡，所以在调整前需先对选区进行适当的羽化，羽化值要根据实际情况中所需的过渡区域的大小决定，在实际应用中需要灵活掌握羽化值。在图像上右击，弹出快捷菜单，选择"羽化"选项（也可按 Ctrl + Alt + D 组合键），如图 2-2-1-22 所示。弹出"羽化"对话框，输入羽化半径值（图 2-2-1-23，根据实际情况灵活设置）。

图 2-2-1-18　调整后的图像

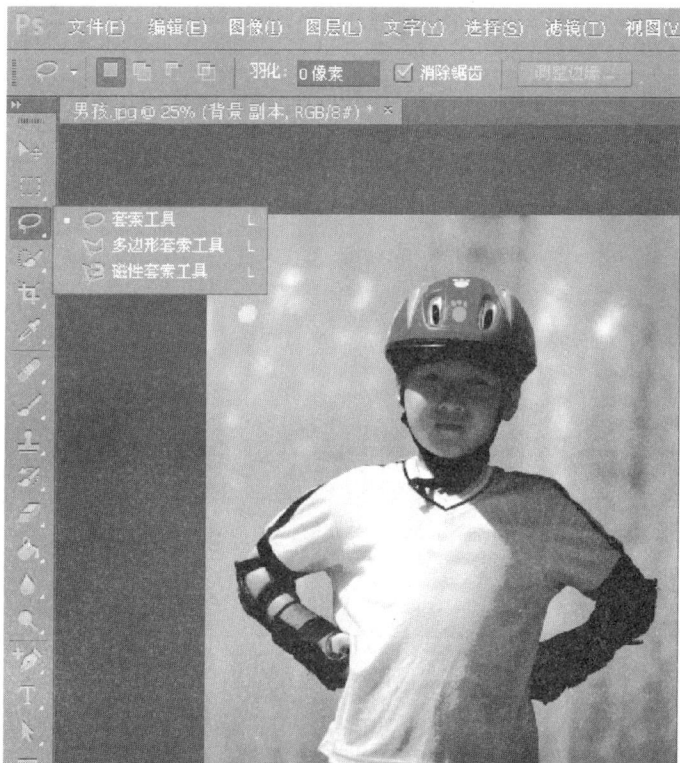

图 2-2-1-19　选择多边形套索工具

图 2-2-1-20　选区绘制

图 2-2-1-21　单击"从选区减去"按钮

图 2-2-1-22　羽化

图 2-2-1-23　输入羽化半径值

09 选择"图像">"调整">"色阶"选项,弹出"色阶"对话框,向左滑动高光区滑块,如图 2-2-1-24 所示,直到人物脸部看清楚为止,最后取消选区(可按 `Ctrl` + `D` 组合键),保存文件。

图 2-2-1-24　滑动高光区滑块调整人物清晰度

用图层模式调整曝光不足照片
——操作步骤及使用的命令、工具

图层混合模式中的滤色模式属于使图像色调变亮的系列,混合后的图像色调比原色亮,对混合图层图像色调中的黑色部分进行透明处理后,背景图像维持原始状态。

01 打开需要调整的曝光不足照片"湖边"，如图 2-2-1-25 所示。

图 2-2-1-25 "湖边"图片

02 复制背景图层，再将图层名称重命名为"调整"（双击"图层 1"的名称即可更改），如图 2-2-1-26 所示。

图 2-2-1-26 复制并更改图层名称

03 在"图层"面板的左上角单击"正常"右侧的下拉按钮，在下拉列表中选择图层的混合模式为"滤色"，如图 2-2-1-27 所示。

04 此时，图像变得很亮，可以调整图层的"不透明度"，略微提升画面亮度，如图 2-2-1-28 所示。

图 2-2-1-27 选择混合模式为"滤色"模式

图 2-2-1-28 调整图层的"不透明度"提升画面亮度

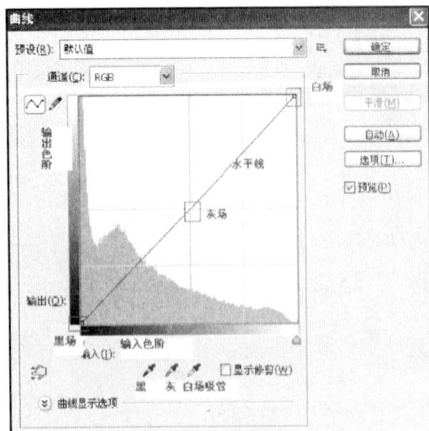

图 2-2-1-29 "曲线"对话框

小知识

Photoshop 调整曝光问题经常使用如下几种命令。

1. 曲线的使用方法

因工作中处理的彩色照片多数采用 RGB 模式，所以采用此模式对曲线面板进行讲解，如图 2-2-1-29 所示。

曲线初始状态色调范围显示为一条 45°的对角基线，输入色阶和输出色阶是完全相同的。图形的水平轴表示输入色阶，垂直轴表示输出色阶。

2．添加调节点

调节点是调整曲线的基点，最多可以向曲线中添加14个调节点。

直接单击基线建立新的调节点，这样建立的调节点可用于调整较宽松的亮度区域。

按住 **Ctrl** 键，再单击图像区域，建立新的调节点。这样建立的调节点通常用于选择部分区域的调整。

按 **Ctrl** + **Shift** 组合键，再单击图像区域，建立新的单色通道调节点。这是一种比较少用但很实用的建立调节点的方法。在进行色彩调整时往往在照片的混合通道中选择一个区域建立调节点，进行亮度调节后又需要通过此点分别调整单色通道，如红通道、绿通道、蓝通道。按 **Ctrl** 键，单击图像区域建立新的调节点后，继续按 **Ctrl** + **Shift** 组合键，单击相同区域，则将以该点为基准，在各单色通道中建立相对应的调节点。调整偏色照片的色彩，当需要用曲线细致地调整某一范围的颜色时，此方法得到的单色通道的调节点可以使工作更加方便。

调节点的用法：用调节点带动曲线向上或向下移动将会使图像变亮或变暗。曲线中较陡的部分表示对比度较高的区域；曲线中较平的部分表示对比度较低的区域。可以利用上、下、左、右方向键来精确调节。

当需要同时调整多个点时，按住 **Shift** 键并逐一单击曲线上的点即可。

在数码摄影店或影楼，很多时候会在相似的场景或灯光环境下处理多幅照片，这时我们可以执行批处理命令，将一个调整好的曲线形态录制为动作命令，然后用动作命令对大量的图片做同样的曲线调整，即进行批处理，从而提高工作效率。

3．自动色阶和色阶的使用方法

（1）自动色阶

自动色阶可自动将每个颜色通道中的最亮和最暗像素定义为白色和黑色，然后按比例重新分布中间像素值。在调整照片的亮度时，它作为全面的颜色和色调调整的起点是非常有效的，但是某些色彩的局部调整还需要执行色阶命令才能完成。

（2）色阶

色阶就是用直方图描述的整张图片的明暗信息。执行"色阶"命令（图 2-2-1-30）可以调整图片的暗调、中间调和高光，从而调整图片的色调范围或色彩平衡。

1）通道：该选项是根据图片模式而改变的。可以对每个颜色通道设置不同的输入色阶值与输出色阶值。当图片模式为 RGB 时，该选项中的颜色通道为 RGB、红、绿与蓝。

2）输入色阶：该选项可以通过拖动色阶的滑块进行调整，也可以直接在"输入色阶"文本框中输入数值。

3）输出色阶：该选项中的"输出阴影"用于控制图片最暗数值，"输出高光"用于控制图片最亮数值。

4）吸管工具：三个吸管分别用于设置图片黑场、白场和灰场，从而调整图像的明暗关系。

5）自动：单击该按钮，即可将亮的颜色变得更亮，暗的颜色变得更暗，提高图片的对比度。它与执行"自动色阶"命令的效果是相同的。

"色阶"以横坐标表示色阶指数的取值，标准尺度为 0 ~ 256，0 表示无亮度，黑色；256 表示最亮，白色；中间数值表示各种灰色。"色阶"以纵坐标表示包含某个色调的像素数目，于是其取值越大就表示在该色阶的像素越多。如果图片暗部像素少，亮部像素也少，则图片的对比度较低。

4．阴影 / 高光的使用方法

曝光过度或曝光不足，有些图片的某些区域会产生瑕疵，利用"阴影 / 高光"可以轻松地改善缺陷图片的对比度，同时保

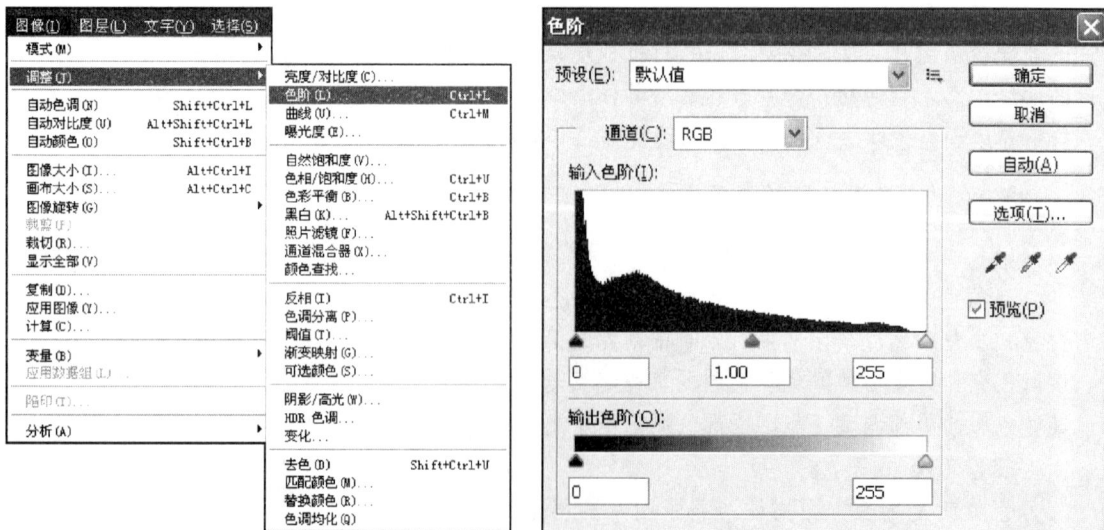

图 2-2-1-30　使用"色阶"命令

持图片的整体平衡，使图片更加美观。

"阴影/高光"命令不是简单地使图片变亮或变暗，而是根据图片中阴影或高光的像素色调增亮或变暗。该命令允许分别控制图片的阴影或高光，适用于校正强逆光而形成剪影的图片，也适用于校正由于过于接近闪光灯而有些发白的焦点。

5. 图层混合模式的使用方法

Photoshop 中图层混合模式包括正常、溶解、变暗、正片叠底、滤色、颜色加深、线性加深、叠加、柔光、亮光、强光、线性光、点光、实色混合、差值、排除、色相、饱和度、颜色、亮度等。

其中经常用于调整图片色调的模式如下：

1）变暗模式：考察每一个通道的颜色信息及相混合的像素颜色，选择较暗的颜色作为混合的结果。颜色较亮的像素会被颜色较暗的像素替换，而较暗的像素不会发生变化。

2）正片叠底模式：考察每个通道中的颜色信息，并对底层颜色进行正片叠加处理。这样混合产生的颜色总是比原来的暗。如果和黑色发生正片叠底，则产生的只有黑色；而与白色混合，不会对原来的颜色产生任何影响。

3）滤色模式：它与正片叠底模式相反，合成图层的效果是显现两图层中较高的灰阶，而较低的灰阶不显现（即浅色出现，深色不出现），实现一种漂白的效果，得到一幅更加明亮的图片。

4）叠加模式：该模式对于相同图片之间的叠加会产生直接效果，使得画面暗部更暗，亮部更亮，造成图片明暗对比的较大反差，并减少层次感。合理地使用色彩填充叠加到图片之上，调整其不透明度，可得到各种浓淡相宜的色调图片效果。

课后拓展

利用前面介绍的知识和技能调节以下照片的曝光。

实例2.2.2 偏色照片处理

大家拍摄过的生活照中，有一部分照片的偏色比较严重。通过学习本实例，希望大家能使用 Photoshop 将生活照处理得更美观。

实例要求：

1）保留照片源文件。

2）处理后的照片中的景物和人物清晰可见，颜色自然。

3）照片处理后保存为 PSD 格式。

4）调整好的照片拿回家让家人评价。

■ 实例分析

在不同光源下，因色彩温度不同（指因光源种类不同而造成被拍摄物颜色的差异尺度。如色彩温度低，影像的颜色就会偏蓝），拍摄的照片会偏色。例如，色彩温度低时光线中的红、黄色光含量较多，所拍摄的照片色调会偏红色调或偏黄色调；色彩温度高时光线中的蓝、绿色较多，照片会偏蓝色调或偏绿色调。

造成照片偏色最主要的原因是周围环境的影响。被摄体周围存在的各种颜色的反射光和透射光等都会影响图像颜色。早晨拍摄的照片会偏蓝色调，傍晚会偏红色调，在灯光条件下拍摄则会偏红或黄色调。拍摄人物时，背景中的黄色落叶反射光会使人物颜色偏黄；夏天在绿树丛中拍摄人物时，绿叶的反射光会使人物偏绿；在温室中拍摄人物时，虽然肉眼看到温室房顶的材料是无色的，但实际是带某种色调的，所以人物颜色也会偏色。产生这些现象主要是因现场光与设计生产数码照相机时所设定的标准光源条件不同而造成的。此时便需要利用照相机的白平衡功能来做修正，其原理是控制光线中红、绿、蓝三原色的明亮度，使影像中最大光位达到纯白，以使其他色彩准确。但是对于已经拍摄成偏色的照片，只能用 Photoshop 进行后期处理，尽量还原图片的色彩。

实例的制作过程如下：

1）收集偏色的照片。

2）调整照片的色彩。

3）将照片保存到指定文件夹。

■ **实例具体制作**

1．收集素材

收集自己平时拍摄或家人拍摄的照片，或在网络上查找偏色照片。

2．知识准备

偏色照片可以先用"自动色阶"、"自动颜色"进行修复，此时一般的偏色都能得到校色改善。如果校色效果不理想，就需要手工调整，在校色工具中曲线功能最强大，用曲线校色一般都能解决偏色问题。还可以应用其他的调色工具，以及多个调色工具结合应用。校色时要抓住画面中的一些特殊或熟悉的色彩，如黑色、白色、绿色、红旗、人物的肤色等，以此作为参照，会有事半功倍的效果。

根据照片曝光不足的原理，用 Photoshop 来修正偏色照片主要有以下方法：

（1）用"自动白平衡"调整

对于一些比较简单的偏色照片，可以模仿自动白平衡的方法来处理。模仿照相机白平衡的方法有很多种，本书后面的实例将介绍一种简便有效的方法。

（2）用"匹配颜色"+"曲线"调整

执行"匹配颜色"命令，可以将两个图像或图像中两个图层的颜色和亮度匹配，使其颜色色调和亮度协调一致。其中，被调整修改的图像称为"目标图像"，而要采样的图像称为"源图像"。"匹配颜色"命令仅适用于 RGB 模式，它可以轻松修复一些严重偏色的图片。

（3）用"色彩平衡"调整

RGB 颜色模式三原色为红、绿、蓝，要掌握"色彩平衡"命令的应用原理，首先要了解补色。

补色是一种原色与另外两种原色混合而成的颜色，形成互为补色关系。例如，蓝色与绿色混合得到青色，即青色与红色为补色，绿色和洋红色互为补色，黄色和蓝色互为补色，红色和青色互为补色，如图2-2-2-1所示。

色彩平衡是一个功能较少，但操作方便直观的色彩调整工具。它在"色调平衡"选项组中将图像分为阴影、中间调和高光三个色调，如图 2-2-2-2 所示，每个色调都可以进行独立的色彩调整。

（4）用 Lab 模式调整

Lab 模式是由国际照明委员会（CIE）于 1976 年公布的一种色彩模式。RGB 模式是一种发光屏幕的加色模式，CMYK 模式是一种颜色反光的印刷减色模式。而

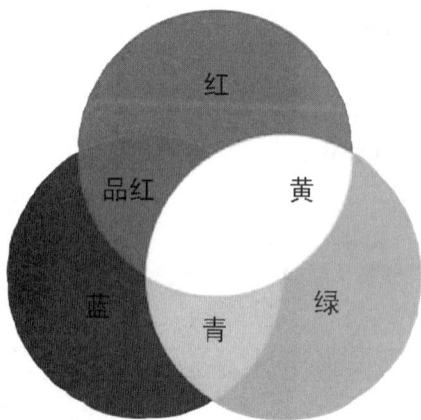

图 2-2-2-1　补色

Lab 模式既不依赖于光线，也不依赖于颜料，它是 CIE 确定的一个理论上包括人眼可以看见的所有色彩的模式。Lab 模式弥补了 RGB 和 CMYK 两种色彩模式的不足。

图 2-2-2-2　色彩平衡

Lab 模式由三个通道组成，其中一个通道是亮度，即 L；另外两个是色彩通道，用 a 和 b 来表示。a 通道包括的颜色从深绿色（低亮度值）到灰色（中亮度值），再到亮粉红色（高亮度值）；b 通道则从亮蓝色（低亮度值）到灰色（中亮度值），再到黄色（高亮度值）。因此，这种色彩混合后将产生明亮的色彩。

Lab 模式所定义的色彩最多，且与光线及设备无关，其处理速度与 RGB 模式一样快，即比 CMYK 模式快得多，因此可以在图像编辑中使用 Lab 模式。Lab 模式在转换成 CMYK 模式时色彩没有丢失或被替换。所以最佳避免色彩损失的方法是应用 Lab 模式编辑图像，再转换为 CMYK 模式打印。

3. 实例制作的操作步骤

"自动白平衡"调整偏色照片
——操作步骤及使用的命令、工具

01 打开要调整的图片，按 `Ctrl` + `J` 组合键复制图层，如图 2-2-2-3 所示。

图 2-2-2-3　打开图片并复制图层

02 对于偏色不太严重的图片，可以先选择"图像 > 自动颜色"和"图像 > 自动色调"选项（图 2-2-2-4 和图 2-2-2-5）对图像进行自动平衡颜色和亮度操作，再做下面的简单处理。

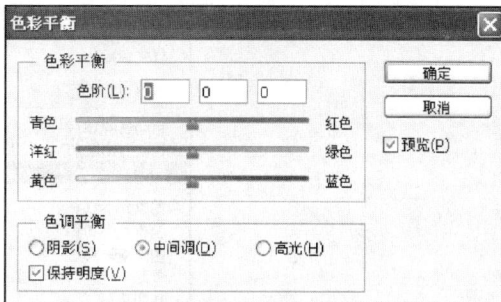

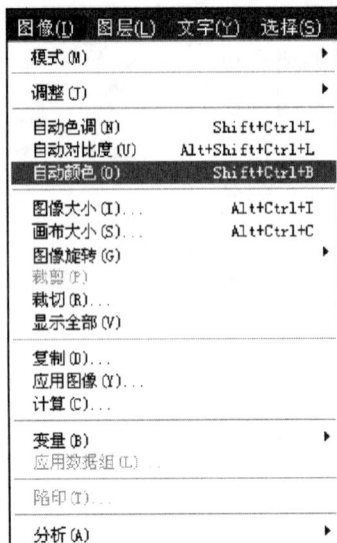

图 2-2-2-4 执行"自动颜色"命令

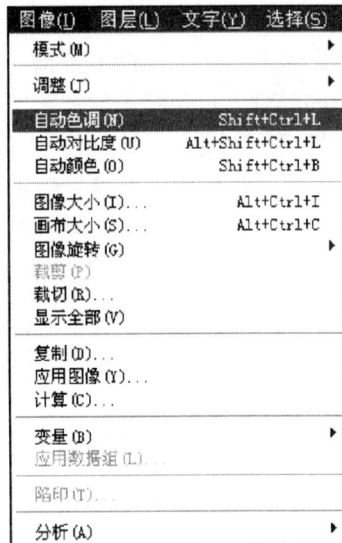

图 2-2-2-5 执行"自动色调"命令

03 选择"图像 > 调整 > 亮度 / 对比度"选项，如图 2-2-2-6 所示，弹出"亮度 / 对比度"对话框，调整亮度值和对比度值，如图 2-2-2-7 所示，整个图片就清晰了，可用曲线加强一下绿色。

图 2-2-2-6 执行"亮度 / 对比度"命令

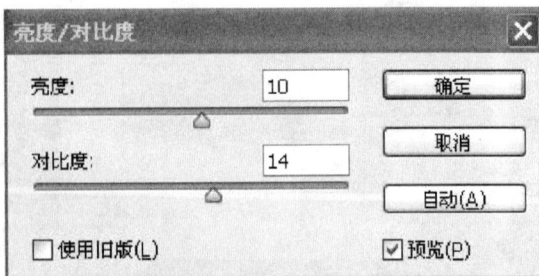

图 2-2-2-7 "亮度 / 对比度"对话框

04 选择"图像 > 调整 > 曲线"选项（按 **Ctrl** + **M** 组合键），弹出"曲线"对话框，分别选择"红"、"绿"、"蓝"通道，如图 2-2-2-8 所示。按住 **Ctrl** 键，用吸管分别在暗部和亮部吸取，水平线上得到两个调节点，将黑场和白场的节点分别调制到节点处，调节后效果如图 2-2-2-9 所示。保存为 PSD 格式存储到指定文件夹。

照片调整前后对比图如图 2-2-2-10 所示。

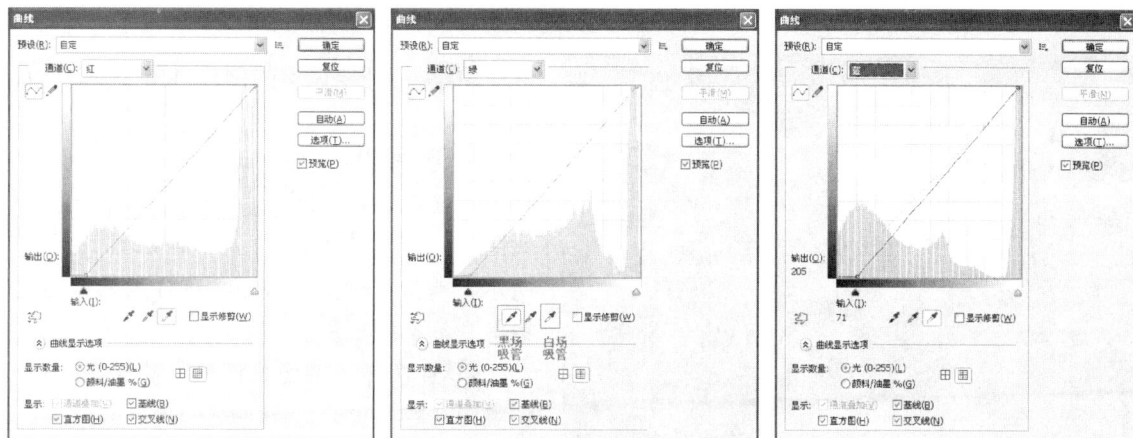

图 2-2-2-8　选择"红"、"绿"、"蓝"通道

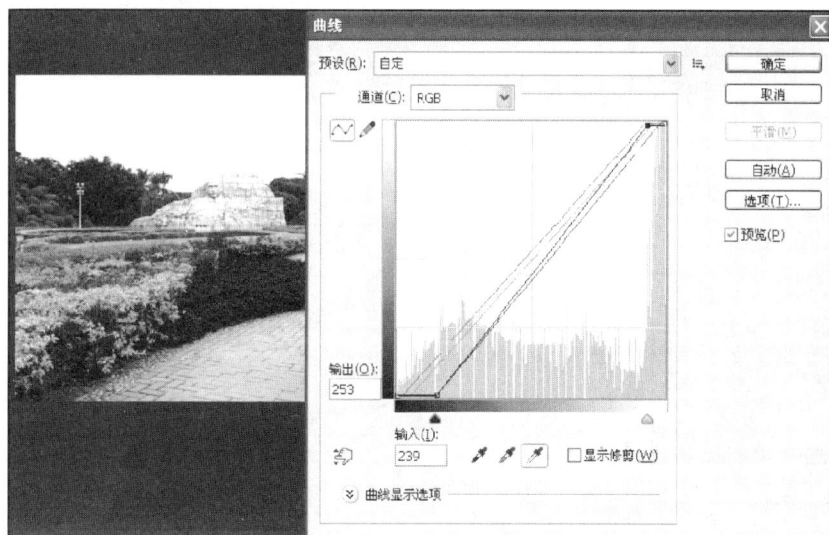

图 2-2-2-9　调节后的效果

图 2-2-2-10　"自动白平衡"调整前后对比图

"匹配颜色" + "曲线"调整偏色照片
——操作步骤及使用的命令、工具

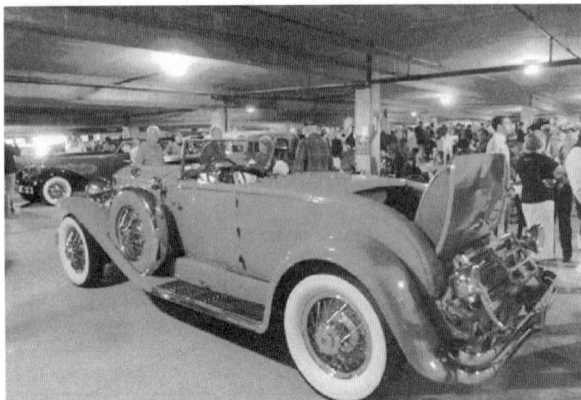

图 2-2-2-11 要调整的图片

01 打开要调整的图片（图 2-2-2-11），并复制图层。

02 选择"图像 > 调整 > 匹配颜色"选项，如图 2-2-2-12 所示，弹出"匹配颜色"对话框，勾选"中和"复选框，如图 2-2-2-13 所示，单击"确定"按钮，这样大的偏色已经得到基本纠正。

03 选择"图像 > 调整 > 曲线"选项，调整图片的亮度，如图 2-2-2-14 所示。

04 此时图片偏暗，而且高光部分偏绿，所以需要调整对比度，如图 2-2-2-15 所示。

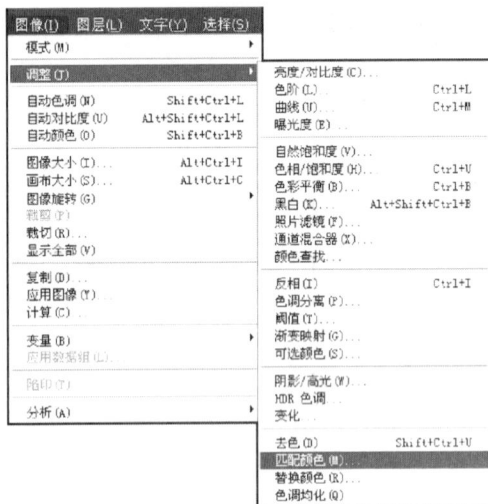

图 2-2-2-12 执行"匹配颜色"命令

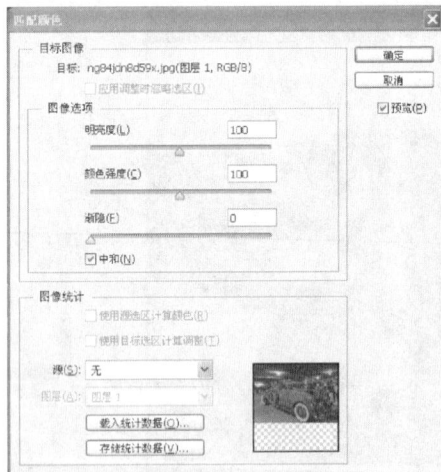

图 2-2-2-13 纠正偏色

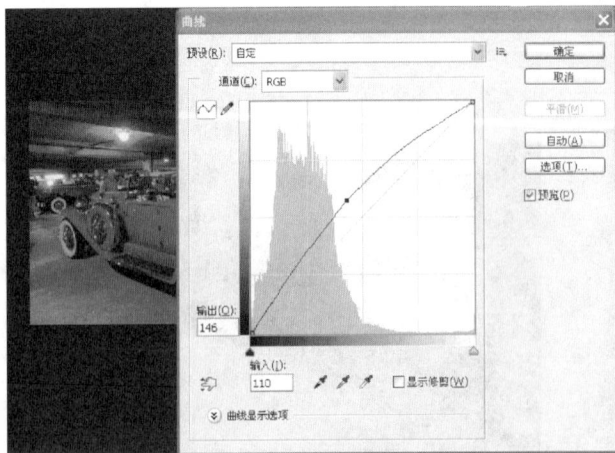

图 2-2-2-14 调整图片亮度

图 2-2-2-15 调整"对比度"

05 最终效果如图 2-2-2-16 所示，保存为 PSD 格式存储到指定文件夹。

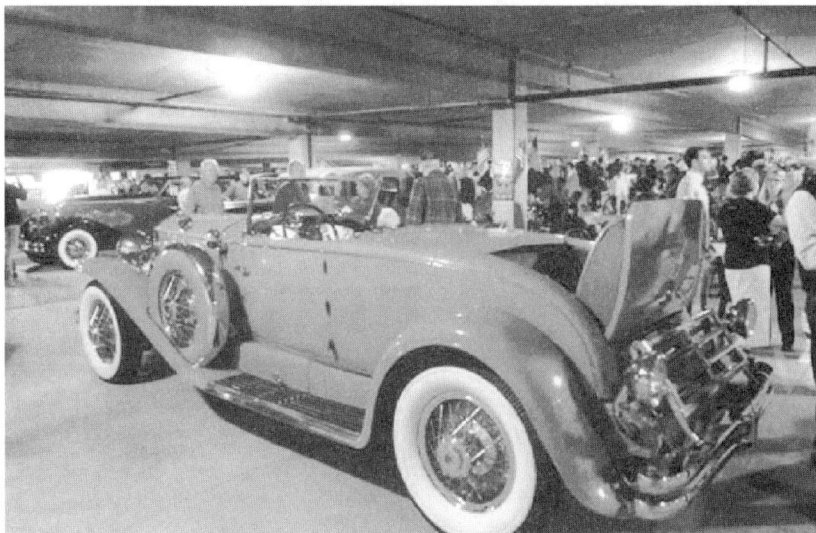

图 2-2-2-16　"匹配颜色" + "曲线"调整效果图

"色彩平衡"调整偏色照片
——操作步骤及使用的命令、工具

01 打开要调整的图片，并复制图层，如图 2-2-2-17 所示，照片明显偏红和偏黄，因此首先需要调整红色和黄色。

图 2-2-2-17　打开图片并复制图层

02 选择"图像">"调整">"匹配颜色"选项，弹出"匹配颜色"对话框，勾选"中和"复选框，先将大的偏色基本纠正，如图 2-2-2-18 所示。

03 选择"图像">"调整">"亮度／对比度"选项，弹出"亮

度 / 对比度"对话框，调整亮度值和对比度值，如图 2-2-2-19 所示，提升亮度和对比度。

04 选择"图像">"调整">"色彩平衡"选项，弹出"色彩平衡"对话框，细微地调整红色和黄色，如图 2-2-2-20 所示。红色的互补色为青色，黄色的互补色为蓝色，因此在暗调、中间调和高光区都增加青色和蓝色。

图 2-2-2-18　纠正偏色

图 2-2-2-19　提升亮度和对比度

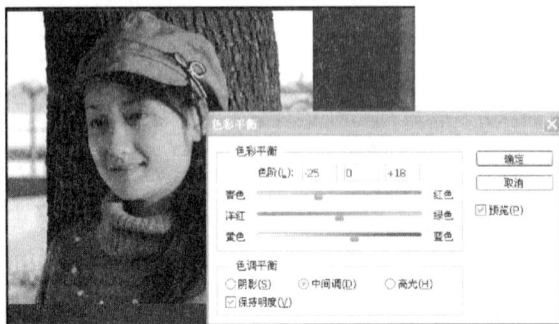

(a)

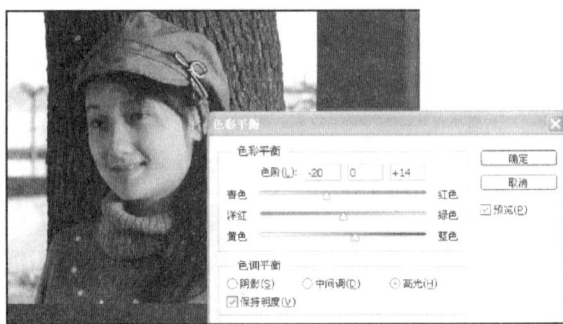

(b)

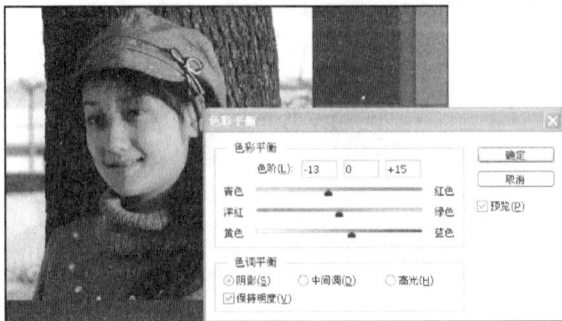

(c)

图 2-2-2-20　细微调整颜色

05 人物脸部略偏红和偏黄，可以用"可选颜色"对红色和黄色部分进行单独调整，如图 2-2-2-21 和图 2-2-2-22 所示。

06 用曲线调整图像的亮度（图 2-2-2-23），保存为 PSD 格式存储到指定文件夹。

07 "色彩平衡"调整前后对比图如图 2-2-2-24 所示。

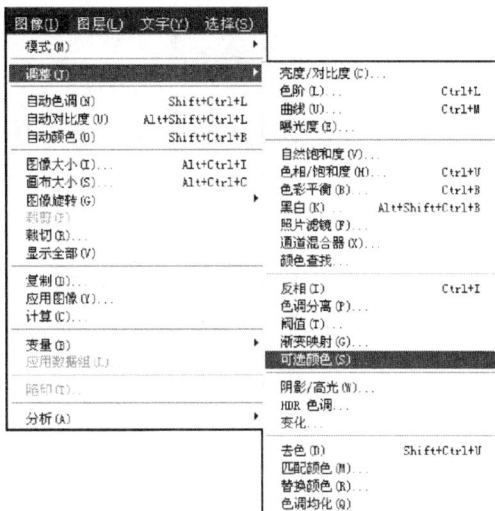

图 2-2-2-21　执行"可选颜色"命令

图 2-2-2-22　"可选颜色"对话框

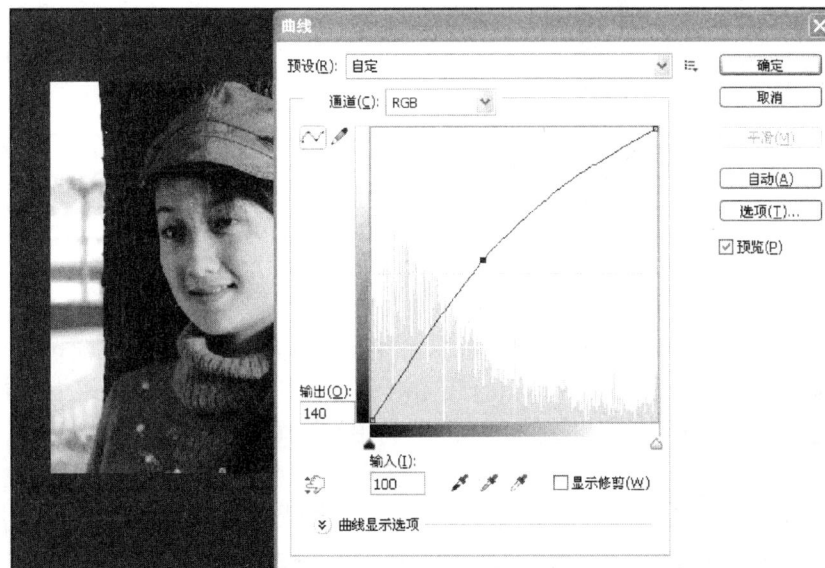

图 2-2-2-23　用曲线调整图像亮度

图 2-2-2-24 "色彩平衡"调整前后对比图

Lab 模式调整偏色照片
——操作步骤及使用的命令、工具

01 打开要调整的图片（图 2-2-2-25），并复制图层。这张照片偏红，因此需要调整红色。

02 选择"图像">"模式">"Lab 颜色"选项，如图 2-2-2-26 所示，将图像的颜色模式转换成 Lab 颜色模式。

图 2-2-2-25 打开图片

图 2-2-2-26 执行"Lab 颜色"命令

03 选择"图像">"调整">"色阶"选项，在 Lab 颜色模式下，通道只有三个 [（图 2-2-2-27（a）]。由于图像偏红，首先在"a"通道中（颜色从深绿色到灰色，再到亮粉红色）将中间调调节点向右移动，减少红色 [图 2-2-2-27（b）]；在"b"通道中（从亮蓝色到灰色，再到黄色）将中间调和高光区的调节点向左移动，增加黄色 [图 2-2-2-27（c）]；最后在"明度"通道中，将暗调调节点向右移动，中间调调节点向左移动，提升亮度和对比度 [图 2-2-2-27（d）]。

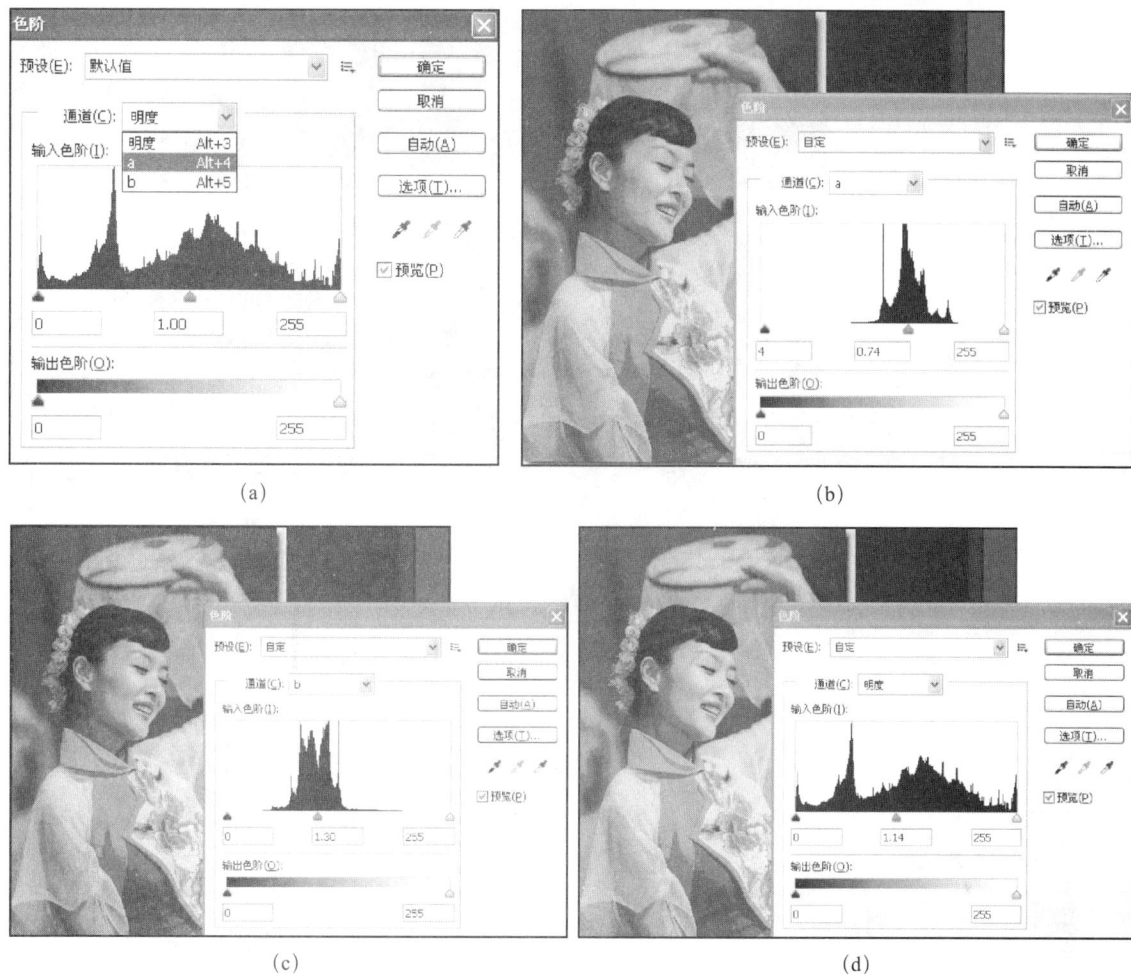

(a)

(b)

(c)

(d)

图 2-2-2-27　Lab 颜色模式下的三个通道

04 将文件转换为 RGB 模式（图 2-2-2-28），保存为 PSD 格式存储到指定文件夹。

05 在 Lab 颜色模式下，也可以用曲线等方式调整通道中的颜色和明暗，具体方法与调整色阶的方法相同，只需牢记三个通道的功能即可操作，读者可以自行尝试。调整前后的对比图如图 2-2-2-29 所示。

图 2-2-2-28　转换为 RGB 颜色模式

图 2-2-2-29　调整前后的对比图

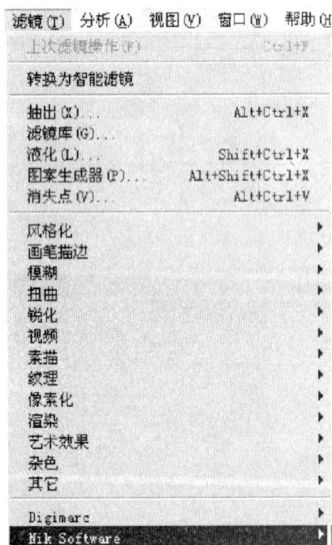

图 2-2-2-30　"Nik Software"调色滤镜

小知识

　　偏色图像调整还可以用一些外挂滤镜进行快捷调整，其中，Nik Color Efex Pro v3.0 中文版是著名的调色滤镜，网络上可以查寻其相关资源，利用这款滤镜可以非常轻松地解决日常生活中的真实偏色照片。它的专业对比度功能非常强大，对于轻微偏色的图片可以做到一键还原。

　　将下载的文件解压后按照说明进行安装，重新启动 Photoshop 软件，打开一张图片，执行"滤镜"命令（图 2-2-2-30），即可找到安装的调色滤镜，可根据其中的参数进行照片色彩的调整，如图 2-2-2-31 所示。

图 2-2-2-31　Nik Color Efex Pro 滤镜插件界面

课后拓展

1）每组下载 Nik Color Efex Pro v3.0 等偏色插件后调节偏色照片。

2）每组收集三张偏色照片并调整好色调。

实例2.2.3　照片中的瑕疵处理

　　很多人的脸部及身体其他皮肤部分都有诸如影响美观的痣、斑、黑眼圈、眼袋等瑕疵，或者拍摄的照片中有一些多余的影响该照片效果的文字、图案等，这些都需要在后期处理时修正。本实例内容就是处理学生拍摄和收集的照片中的瑕疵。

实例要求：

1）保留照片源文件。

2）处理照片中的痣、斑、黑眼圈、眼袋等。

3）处理照片中不需要的文字、图案等。

4）照片处理后不影响原图的构图，不影响景物和人物的基本效果。

■ 实例分析

1．照片处理瑕疵的范围

　　在网上浏览图片时会发现，多数照片在边角上添加了简单的文字标签或在整个照片中淡淡地铺了一层个性化的防伪图案；日常生活照片中的人物总会有痣、斑、黑眼圈、眼袋等不足之处；一些老照片已经破损等，对于这些照片，Photoshop可以用多种工具进行修复。

2．实例的制作过程

1）收集有瑕疵的照片。

2）修复照片中的瑕疵。

3）修复老照片。

4）将照片存储到指定文件夹。

■ 实例具体制作

1．收集素材

1）自己平时拍摄或家人拍摄的照片，或者网络上查找的有瑕疵的照片。

2）翻拍一些老照片进行修复。

2．知识准备

用 Photoshop 处理照片上的瑕疵（痣、斑、文字）、修复老照片等，主要用到修复画笔系列工具和仿制图章工具等。对于去除黑眼圈等还可以用减淡工具组，这些工具在照片后期处理中都有重要作用。

（1）修复画笔工具

修复画笔工具（图 2-2-3-1）可用于校正瑕疵，使它们在周围的图像中不显示，可以利用图像或图案中的样本像素进行绘画。修复画笔工具还可将样本像素的纹理、光照、透明度和阴影与所修复的像素进行匹配，从而使修复后的像素更好地融入图像的其余部分。

设置取样点，按住 **Alt** 键并单击。如果在被修复处单击且在选项栏中取消勾选"对齐"复选框，则取样点固定不变；如果在被修复处拖动或在选项栏中勾选"对齐"复选框，则取样点会随着拖动范围的改变而相对改变。

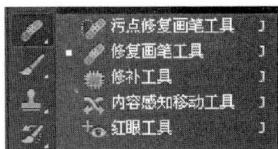

(a)

(b)

图 2-2-3-1　修复画笔工具

1）模式：如果选择"正常"模式，则使用样本像素进行绘画的同时，会把样本像素的纹理、光照、透明度和阴影与所修复的像素融合；如果选择"替换"选项，则只用样本像素替换目标像素，且与目标位置没有任何融合（也可以在修复前创建一个选区，则选区限定了要修复的范围）。

2）源：如果点选"取样"单选按钮，则必须按住 **Alt** 键单击取样并使用当前取样点修复目标；如果点选"图案"单选按钮，则可在"图案"下拉列表中选择一种图案并用该图案修复目标。

3）对齐：取消勾选"对齐"复选框时，每次拖动完成后再进行拖动操作时，都以按住 **Alt** 键时选择的同一个样本区域修复目标；而勾选"对齐"复选框时，每次拖动完成后再进行拖动操作时，都会继上次未复制完成的图像修复目标。

如果在选项栏中选择对"所有图层"取样，则可从所有可见图层中对数据进行取样。如果不选择对"所有图层"取样，则只从当前图层中取样。

（2）修补工具组

通过使用修补工具组（图 2-2-3-2），可以使用其他区域或图案中的像素来修复选中的区域。像修复画笔工具一样，修补工具会将样本像素的纹理、光照和阴影与源像素进行匹配。用户还可以使用修补工具来仿制图像的隔离区域，该工具适用于修补大面积的瑕疵或草地上的瑕疵。

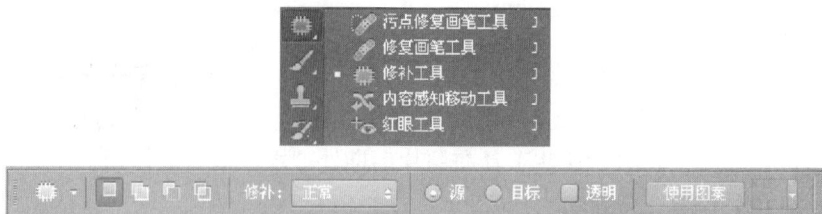

图 2-2-3-2　修补工具组及其选项栏

1）源：指要修补的对象是选中的区域。操作时先选中要修补的区域，再把选区拖动到用于修补的区域。

2）目标：与"源"相反，要修补的是选区被移动后到达的区域而不是移动前的区域。操作时先选中好的区域，再拖动选区到要修补的区域。

3）透明：如果不点选该单选按钮，则被修补的区域与周围图像只在边缘上融合，内部图像纹理保留不变，仅在色彩上与原区域融合；如果点选该单选按钮，则被修补的区域除边缘融合外，还包括内部的纹理融合，即被修补区域与做了透明处理一样。

4）使用图案：选中待修补区域后，单击"使用图案"按钮，则待修补区域用该图案修补。

（3）颜色替换工具组

颜色替换工具组（图 2-2-3-3）能够简化图像中特定颜色的替换，可以使用校正颜色在目标颜色上绘画。颜色替换工具组不适用于位图、索引或多通道颜色模式的图像。

在选项栏中选取画笔笔尖，将模式设置为"颜色"。

（4）仿制图章工具

从图像中取样后，可将样本应用到其他图像或同一图像的其他部分，也可以将一个图层的一部分仿制到另一个图层。

仿制图章工具的选取如图 2-2-3-4 所示，其用法类似于修复画笔工具，它是完全复制对象的。对象和目标区域不融合，相当于使用修复画笔工具时在选项栏中选择"替换"模式。

（5）图案图章工具

该工具可以选择一个图案，将该图案复制到图片上。

（6）减淡工具组

减淡工具组中包含三个工具，分别为减淡工具、加深工具和海绵工具，如图 2-2-3-5 所示。

1）减淡工具：通过提高图像的亮度校正曝光度，选择"高光"、"中间调"后会分别在图像的高光区域、中间调区域产生减淡效果，不同的"曝光度"将产生不同的图像效果，值越大，效果越强烈。其选项栏如图 2-2-3-6 所示。

图 2-2-3-3　颜色替换工具组

图 2-2-3-4　仿制图章工具

图 2-2-3-5　减淡工具组

图 2-2-3-6　减淡工具选项栏

2）加深工具：其功能与减淡工具相反，它可以降低图像的亮度，通过加暗来校正图像的曝光度。加深工具的使用方法与减淡工具相同，其选项栏中的设置及功能键的使用也相同。

3）海绵工具：可精确地更改图像的色彩饱和度，使图像的颜色变得更鲜艳或更灰暗。如果当前图像为灰度模式，则可使用海绵工具来增加或降低图像的对比度。其选项栏如图 2-2-3-7 所示。

图 2-2-3-7　海绵工具选项栏

在"模式"中，若选择"加色"选项，则将增强涂抹区域内图像颜色的饱和度；若选择"去色"选项，则将降低涂抹区域内图像颜色的饱和度。

3．实例制作的操作步骤

修复画笔工具祛痣
——操作步骤及使用的命令、工具

01 打开需要祛痣的照片，复制图层，如图 2-2-3-8 所示。

02 在工具箱中选择修复画笔工具，设置合适的画笔大小、间距（图 2-2-3-9），将"源"设置为取样。将画笔放在脸部皮肤较好处，按住 Alt 键并单击取样。

图 2-2-3-8　打开图片并复制图层

图 2-2-3-9 设置画笔的大小、间距

03 用取样后的画笔在有痣的部位不断单击,如果单击过程中出现了不匹配的色彩或图案,可以重新取样后再单击,可以一边取样一边单击,直到完全修复好为止。修复后的图片如图 2-2-3-10 所示。

图 2-2-3-10 修复后的图片

修补工具处理瑕疵

——操作步骤及使用的命令、工具

01 打开需要去掉瑕疵的图片,复制图层,在工具箱中选择修补工具,如图 2-2-3-11 所示。

02 在其选项栏中设置"修补"为"源",用修补工具将需要遮盖的区域圈出,如图 2-2-3-12 所示。

03 选择"选择">"修改">"羽化"选项,弹出"羽化选区"对话框,将羽化半径设置为"2"像素,如图 2-2-3-13 所示。

04 用修补工具将选区拖动到可以作为"源"的区域,用"源"区域区遮盖瑕疵的区域(图 2-2-3-14)。

图 2-2-3-11　打开图片

图 2-2-3-12　圈出需遮盖的区域

图 2-2-3-13 设置羽化半径
为"2"像素

05 用同样的方法将其余瑕疵全部去掉，最终效果如图 2-2-3-15 所示，将其存储到指定文件夹。

图 2-2-3-14 遮盖瑕疵区域

图 2-2-3-15 使用修补工具修复后的效果图

多边形套索工具祛眼袋
——操作步骤及使用的命令、工具

01 打开需要去掉眼袋的图片，复制图层，如图 2-2-3-16 所示。

02 在工具箱中选择多边形套索工具，用多边形套索工具将左眼眼袋部分圈出，选区可以稍宽一些，但是选区不能跨过眼珠，如图 2-2-3-17 所示。

03 对选区进行羽化操作，如图 2-2-3-18 所示。

图 2-2-3-16　打开的图片

图 2-2-3-17　圈出左眼眼袋部分

04 用选区工具将选区拖动到皮肤比较好的区域，如图 2-2-3-19 所示。

05 分别按 `Ctrl` + `C` 和 `Ctrl` + `V` 组合键，将选出的皮肤区域复制并粘贴在新的图层上，如图 2-2-3-20 所示。

06 在工具箱中选择移动工具，将复制出的皮肤移至图层上遮掉左眼原来的眼袋部分，如图 2-2-3-21 所示。

07 用同样的方法将右眼的眼袋部分选出，注意要在"图层 1"上勾画出选区，如图 2-2-3-22 所示。

图 2-2-3-18　羽化选区

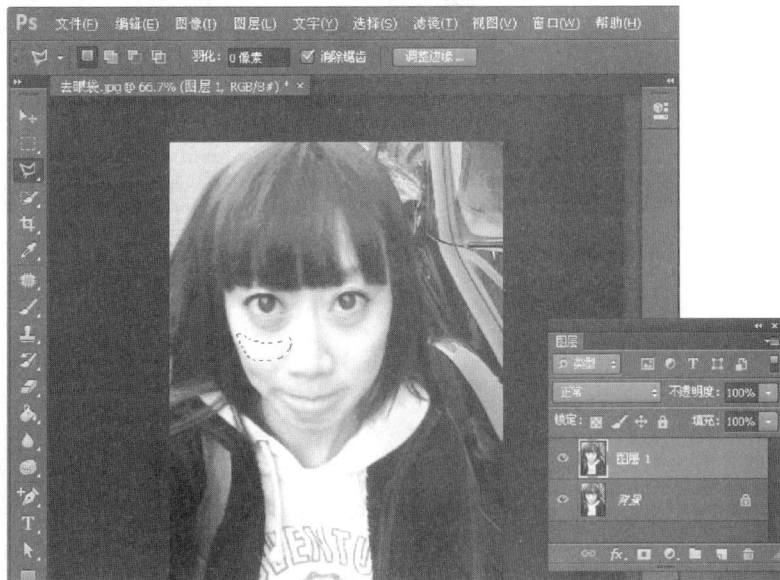

图 2-2-3-19　拖动选区

图 2-2-3-20　复制并粘贴较好的皮肤区域

图 2-2-3-21　遮盖左眼眼袋部分

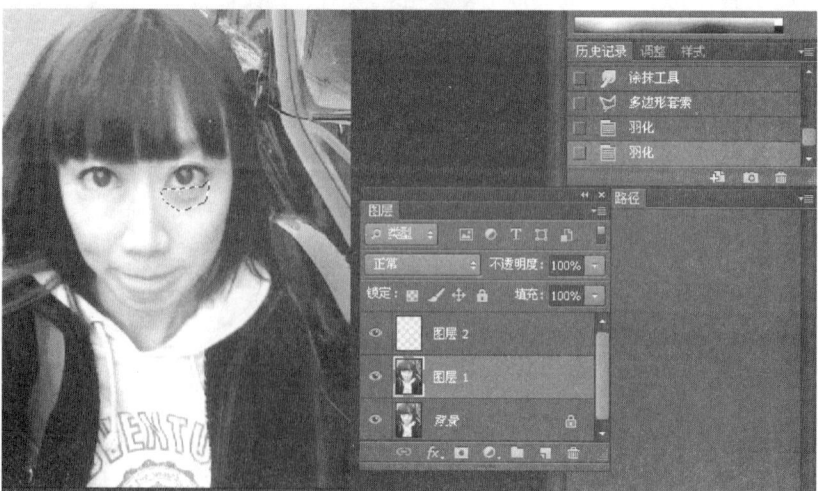

图 2-2-3-22　圈出右眼眼袋部分

08 按步骤 06 的方法，再复制粘贴一块较好的皮肤区域，如图 2-2-3-23 所示。

09 移动皮肤较好区域遮盖眼袋，这样严重的眼袋就被处理掉了，人看起来也精神许多，最终效果如图 2-2-3-24 所示。

除了用多边形套索工具去眼袋之外，还可以用其他工具去除眼袋和黑眼圈，如使用减淡工具。其方法如下：打开图片，复制图层，如图 2-2-3-25 所示。在工具箱中选择减淡工具，并设置其属性，如图 2-2-3-26 所示。用减淡工具在眼袋处仔细涂抹就能去掉眼袋了，最终效果如图 2-2-3-27 所示。

图 2-2-3-23　复制粘贴皮肤较好区域

图 2-2-3-24　去掉眼袋后的图片

图 2-2-3-25　复制图层

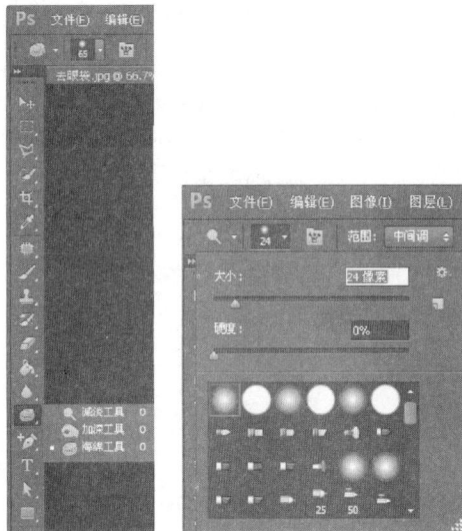

图 2-2-3-26　激活减淡工具并设置其属性

图 2-2-3-27　使用减淡工具的效果图

修复老照片
——操作步骤及使用的命令、工具

01 打开需要处理的图片"旧画像"，复制图层，如图 2-2-3-28 所示。

02 对"图层 1"进行滤镜特效处理，使图像看起来比较柔和平滑，同时也可以消除一些细小的斑点，选择"滤镜">"杂色">"蒙尘与划痕"选项，弹出"蒙尘与划痕"对话框，如图 2-2-3-29 所示。

03 在"蒙尘与划痕"对话框中进行如图 2-2-3-30 所示的设置。注意，半径值不能设置得过高，一般设置为 1 或 2 像素比较合适，半

图 2-2-3-28　打开"旧画像"并复制

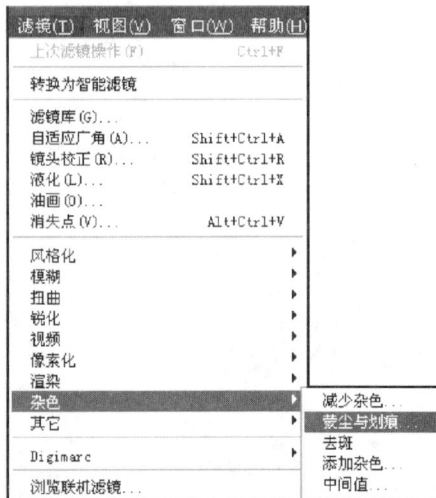

图 2-2-3-29　执行"蒙尘与划痕"命令

径值设置过高整幅图看起来会模糊。设置完成后单击"确定"按钮。经过滤镜特效的处理后图像发生了一些变化，细小的斑点已经消失，只剩下那些面积比较大，范围比较广的斑点。

04 在工具箱中选择修复画笔工具，此时鼠标指针变为笔刷形状，此工具可以消除图像中的人工痕迹，如蒙尘、划痕、瑕疵和褶皱等。

05 在修复画笔工具选项栏中设置参数，如图2-2-3-31所示。

图2-2-3-30 "蒙尘与划痕"对话框

图2-2-3-31 设置画笔参数

06 在图片上斑点附近取样，即按住 Alt 键并单击斑点附近的区域，完成一次取样。移动鼠标指针单击斑点区域就可以将其消除，如图2-2-3-32所示。

07 按照以上步骤就可以消除较大的斑点，效果如图2-2-3-33所示。

08 此时图片效果比原来好很多，但是背景色依然比较粗糙，需要对其做进一步的处理。在工具箱中选择多边形套索工具，将背景选取并将选区稍微羽化，如图2-2-3-34所示。

09 选择"编辑">"填充"选项，如图2-2-3-35所示，弹出"填充"对话框。

10 将前景色设置为深灰色，并用设置好的前景色进行填充，如图2-2-3-36所示。

11 最终效果如图2-2-3-37所示，将图片存储到指定文件夹。

图2-2-3-32 消除斑点

图 2-2-3-33　消除较大斑点后的效果图

图 2-2-3-34　选区稍微羽化

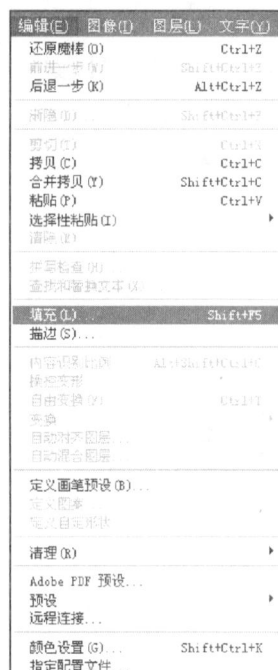

图 2-2-3-35　执行"填充"命令

图 2-2-3-36　设置前景色

图 2-2-3-37　填充后的效果图

小知识

多数家庭都保存着老照片，它们记录了人们曾经的生活，但是有很多老照片因为保管不善而产生了霉点，已经模糊不清，我们可以用 Photoshop 将这些老照片修复。其中，修复画笔工具、修补工具、仿制图章工具是修复旧照片中最常用到的三个工具。这三个工具虽各有其作用，但工作原理是相似的。旧照片的修复需要很细心、很有耐性。

课后拓展

以下为一张老照片，请大家作为练习将其修复。

实例2.2.4 人物皮肤处理

　　金夫人婚纱影楼拍摄的部分生活照中的人物多数没有化妆，而且近距离拍摄，脸部的斑、细纹、密集的痘等都很明显，有一些照片的人物皮肤看起来很粗糙，需要进行磨皮处理。影楼将这些照片派发给学生进行后期处理，若处理的效果理想即被采用。

实例要求：

1）保留照片源文件。

2）每张照片中的人物都需要磨皮，并且使肤色自然。

3）照片处理后保存为 JPG 格式。

4）调整好的照片压缩后发送到指定电子邮箱。

■ 实例分析

1．对照片进行磨皮操作的原因

　　在现实生活中，由于种种原因，并不是每个人都能够拥有白皙光滑的皮肤。我们可以用 Photoshop 使照片中人物的皮肤重新恢复婴儿般的细腻。当今众多影楼、工作室人像修片最常用的手法就是磨皮。磨皮，顾名思义，就是将皮肤模糊掉，它可以去除皮肤上的一些斑点及细纹，从而使皮肤看起来更加光滑。

2．实例的制作过程

1）收集曝光不足的照片。

2）调整照片的色彩。

3）对人物皮肤进行磨皮。

4）保存照片到指定文件夹。

5）压缩文件夹并发送到指定电子邮箱。

■ 实例具体制作

1．收集素材

　　金夫人婚纱影楼提供的人物照片、自己平时拍摄或家人拍摄的照片，或网络上找到的人物近距离照片。

2. 知识准备

用 Photoshop 修正这些照片主要有高斯模糊滤镜磨皮、通道计算磨皮、下载专用磨皮插件三种方法。下面重点介绍用高斯模糊滤镜进行磨皮。

Photoshop 中的滤镜有很多种，灵活运用这些滤镜可以为图片添加很多特别的效果，制作之前先了解各个滤镜的作用。

1）风格化滤镜组：含有 8 种滤镜，可以置换像素，查找并增加图像的对比度，产生绘画和印象派的风格效果。

2）模糊滤镜组：包含 14 种滤镜，可以削弱相邻像素的对比度并柔化图像，使图像产生模糊效果。在去除图像杂色或创建特殊效果时经常用到此类滤镜。

3）扭曲滤镜组：包含 9 种滤镜，可以对图像进行几何扭曲，创建 3D 或其他整形效果。在处理图像时，这些滤镜会占用大量内存，因此文件较大时，可以先在小尺寸的图像上实验。

4）锐化滤镜组：含有 5 种滤镜，可以通过增强相邻像素间的对比度来聚焦模糊的图像，使图像变得清晰。

5）素描滤镜组：包含 14 种滤镜，可以将纹理添加到图像，常用来模拟素描和速写等艺术效果或手绘外观。其中大部分滤镜在重绘图像时都要使用前景色和背景色，因此，设置不同的前景色和背景色，可以获得不同的效果。

6）纹理滤镜组：包含 6 种滤镜，可以模拟具有深度感或物质感的外观，或者添加一种器质外观。

7）视频滤镜组：包含 2 种滤镜，可以处理隔行扫描方式设备中提取的图像，将普通图像转换为视频设备可以接收的图像，以解决视频图像交换时系统差异的问题。

8）像素化滤镜组：包含 7 种滤镜，可以使单元格中颜色值相近的像素结成块，清晰地定义一个选区，可用于创建彩块、点状、晶格和马赛克等特殊效果。

9）渲染滤镜组：包含 4 种滤镜，可以在图像中穿插 3D 形状、云彩图案、折射图等，是非常重要的特效制作滤镜。

10）艺术效果滤镜组：包含 16 种滤镜，可以模仿自然或传统介质效果，使图像看起来更贴近绘画或艺术效果。壁画使用短而圆的、粗略涂抹的小块颜料，以一种粗糙的风格绘制图像，使图像呈现 一种古壁画般的效果。

11）杂色滤镜组：包含 5 种滤镜，可以添加或去除杂色或带有随机分布色阶的像素，创建与众不同的纹理，也用于去除有问题的区域。

12）液化滤镜：它所提供的工具，可以对图像进行任意扭曲，以及定义扭曲的范围和强度，还可以将调整好的变形效果进行存储或载入以前存储的变形效果。液化滤镜经常用于修整人的身体，如瘦身、瘦脸和手臂等。

13）抽出滤镜：将对象与其背景分离，无论对象的边缘多么细微和复杂，使用抽出滤镜都能够得到满意的效果。

14）其他滤镜组：包含 5 种滤镜。在这些滤镜中，有允许用户自定义的滤镜，也有使用滤镜修改铭板、在图像中使选区发生位移和快速调整颜色的滤镜。

3．实例制作的操作步骤

用高斯模糊滤镜进行磨皮
——操作步骤及使用的命令、工具

高斯模糊滤镜磨皮曾被广泛地用于商业杂志，这种磨皮方法主要针对面部的斑点及细纹，其优点是简单易操作，不足的是这种磨皮方法容易被识破，看起来不真实。随着杂志打印分辨率的提高，高斯模糊滤镜磨皮方法的缺点也日益凸显，使用的人也越来越少。但是对于初学者而言，这种磨皮方法既简单，效果又好，不失为一个好的选择。

01 打开原始图片，复制背景图层，图层混合模式改为"滤色"（图 2-2-4-1），提升整张图片的亮度。

图 2-2-4-1 设置图层混合模式

02 创建新图层，如图 2-2-4-2 所示。

03 按 Ctrl + Alt + Shift + E 组合键盖印图层（将前面操作后的效果集中到一个图层上，图 2-2-4-3）。

图 2-2-4-2　创建新图层

04 选择"滤镜">"模糊">"高斯模糊"选项，如图 2-2-4-4 所示，弹出"高斯模糊"对话框。

05 设定半径值为"10"像素，如图 2-2-4-5 所示，这个值可以根据需要进行调节，数值越大，模糊程度越大。

06 为该图层添加蒙版，按住 **Alt** 键并单击"图层"面板底部的"添加图层蒙版"按钮，为图层添加黑色蒙版，如图 2-2-4-6 所示。添加黑色蒙版的目的是将"图层 1"隐藏，这时图片会清晰起来。

图 2-2-4-3　盖印图层

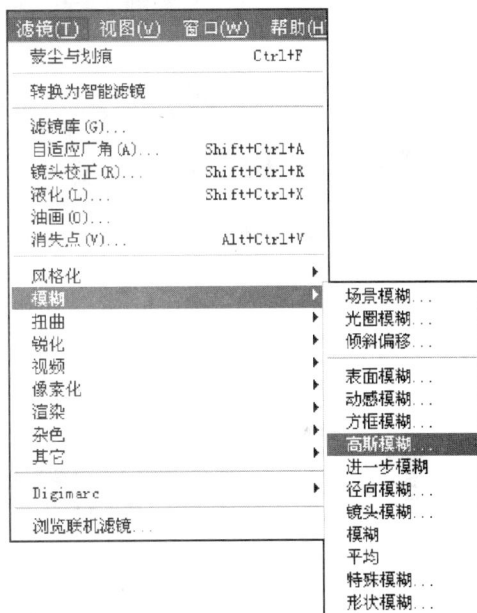

图 2-2-4-4　执行"高斯模糊"命令

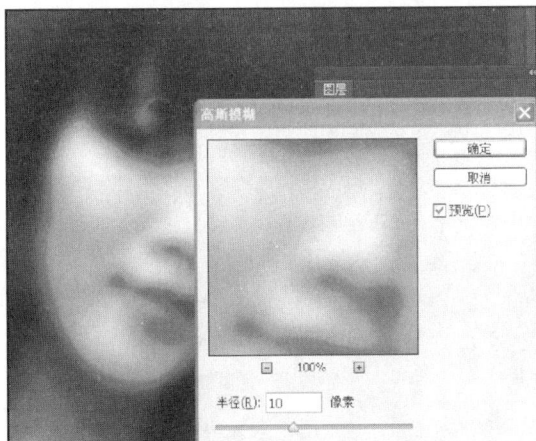

图 2-2-4-5　设定高斯模糊的半径值

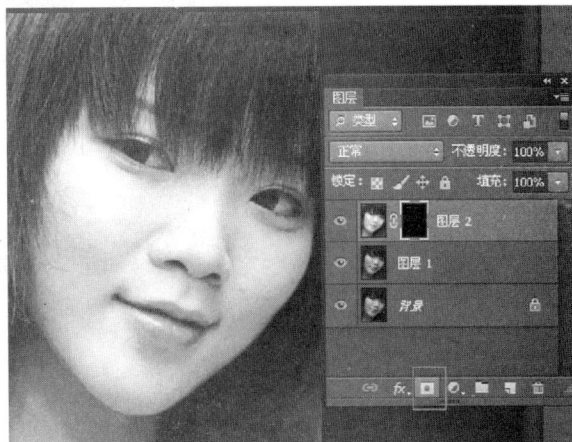

图 2-2-4-6　添加黑色蒙版

图 2-2-4-7 选择画笔工具

07 添加完黑色蒙版后就可以为人像做磨皮了。在工具箱中选择画笔工具，如图 2-2-4-7 所示，再将远景色彩设置为白色，画笔大小根据画面大小选择，不透明度在 30% ~ 40% 最佳，这样力度较小，容易控制。在黑色蒙版上对需要磨皮的地方进行涂抹，涂抹时一定要细致，可以在有雀斑的地方多涂抹几次，直到完全消除为止，最终效果如图 2-2-4-8 所示。需要注意的是，在人像的轮廓处不要涂抹，否则会使整个画面看起来比较模糊。

磨皮后图像比较平滑，这种方法通常不适合"糖水"照片，因为这样很容易导致人物不清楚，而对于雀斑较多的人像，此方法最佳。

图 2-2-4-8 磨皮后的效果图

用通道计算进行磨皮
——操作步骤及使用的命令、工具

相比于高斯模糊磨皮，通道计算磨皮更加细致一些，该方法对于"糖水"照片、高调摄影照片的效果都非常好。但需要注意的是，该磨皮方法需要人的脸部在画面中达到一定的比例，也就是在一定范围内脸部在图片中的比例越大，效果越好。

01 打开原始图片，复制图层。由图 2-2-4-9 可知，该图是一幅明显偏红的图像。

图 2-2-4-9 打开图片并复制图层

02 选择"图像">"调整">"色彩平衡"选项或按 **Ctrl** + **B** 组合键，弹出"色彩平衡"对话框。通过色彩原理，一幅偏红的图像，可以增加其互补色青色进行调整。由于红色是由洋红色和黄色组成的，所以也可以不加青色，而分别直接在中间调、阴影和高光部分增加红色和蓝色值，进行偏红色图像的调整，如图2-2-4-10所示。

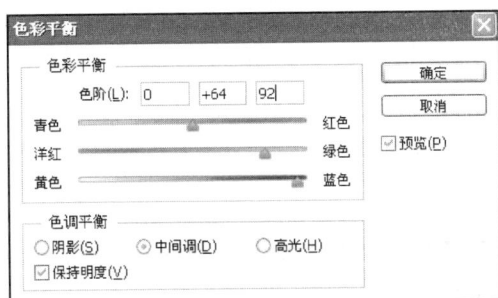

(a)

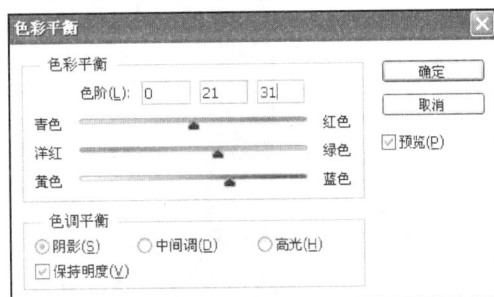

(b)

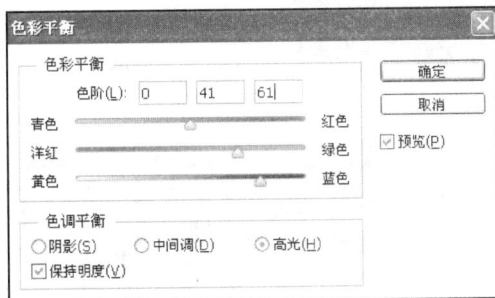

(c)

图2-2-4-10　调整色彩

03 调整的参数大小如果把握不准，可以边调整数据边在图像上滑动，观察"信息"面板中修改后的色彩信息变化，当R、G、B三个颜色值之间的数据差值在7以内（图2-2-4-11）时，颜色基本回归自然。

04 如图2-2-4-12所示，图片已经不偏色，但是稍微偏暗，可以用曲线设置来提升整个图片的亮度。

05 由图2-2-4-11可以看出，图像脸部有一个非常明显的痘，影响美观，可用修复画笔工具来处理。在工具箱中选择修复画笔工具后，在其选项栏中设置画笔大小为"10"，其余参

图2-2-4-11　R、G、B的数据差值在7以内

数默认。用修复画笔工具在脸部较好的皮肤上按住 **Alt** 键并单击取样，然后在有痘处单击，修复此处的皮肤，如图 2-2-4-13 所示。

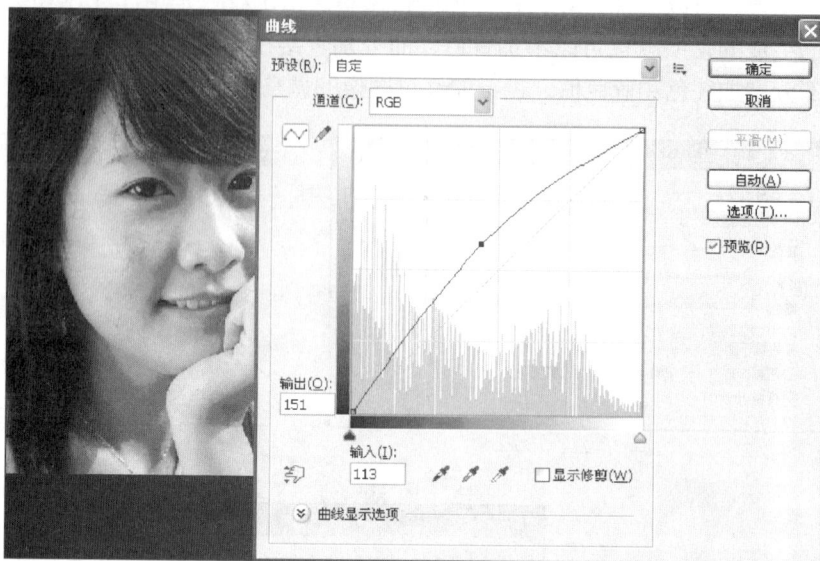

图 2-2-4-12　提升亮度

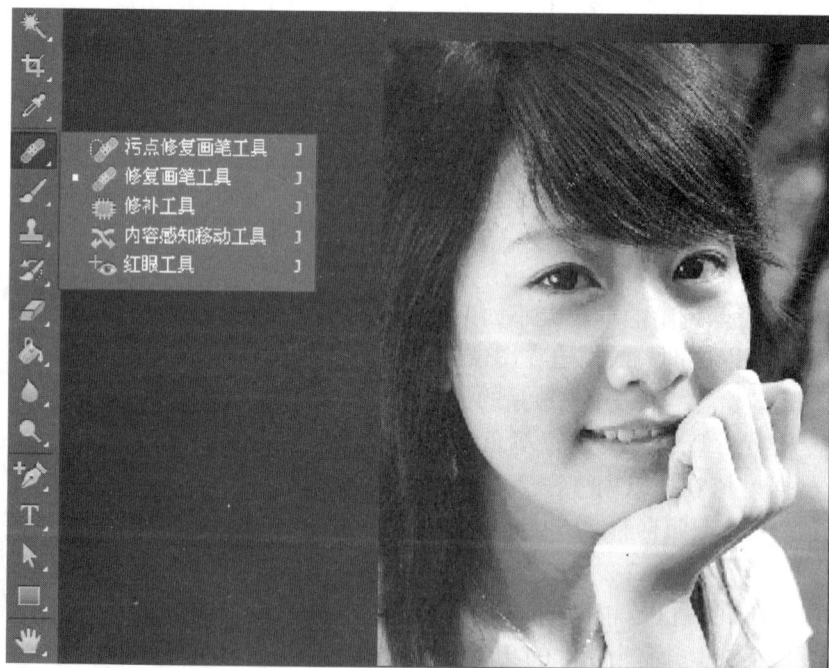

图 2-2-4-13　修复后的效果图

06 此时图片已基本修复好，可以进行磨皮操作了。首先按 **Ctrl** + **J** 组合键复制图层，选择"通道"面板，观看"红"、"绿"、"蓝"三个通道（图 2-2-4-14）的图版效果。复制"绿"通道（将"绿"

通道直接拖动到"创建新通道"图标上），产生一个"绿"通道副本，如图 2-2-4-15 所示。因为磨皮的最终目的是使人物的皮肤更加光亮，因此需要找到人物"斑"最明显的通道并进行计算。对于亚洲人而言，"斑"最明显的通道往往出现在"蓝"和"绿"之中，红色通道比较亮，瑕疵的部位基本没有。

(a)

(b)

(c)

图 2-2-4-14 "红"、"绿"、"蓝"三通道的效果图

(a)

(b)

图 2-2-4-15 复制"绿"通道

07 对"绿副本"选择"滤镜">"其它">"最小值"选项，如图 2-2-4-16 所示，弹出"最小值"对话框，如图 2-2-4-17 所示，设置半径为"1"像素。此时，斑点清晰可见。

图 2-2-4-16　执行"最小值"命令　　　　图 2-2-4-17　"最小值"对话框

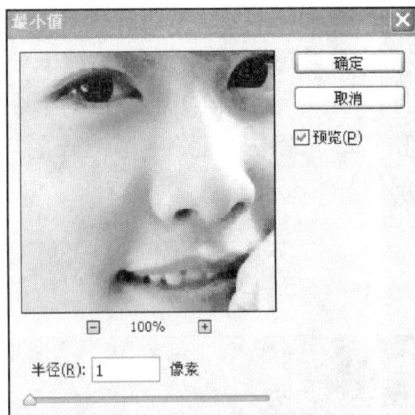

08 选择"滤镜">"其它">"高反差保留"选项，如图 2-2-4-18 所示，弹出"高反差保留"对话框，如图 2-2-4-19 所示。半径的像素值根据能看清脸部的瑕疵为准而设置。半径的大小将决定选择的皮肤上瑕疵的范围。

图 2-2-4-18　执行"高反差保留"命令　　　　图 2-2-4-19　"高反差保留"对话框

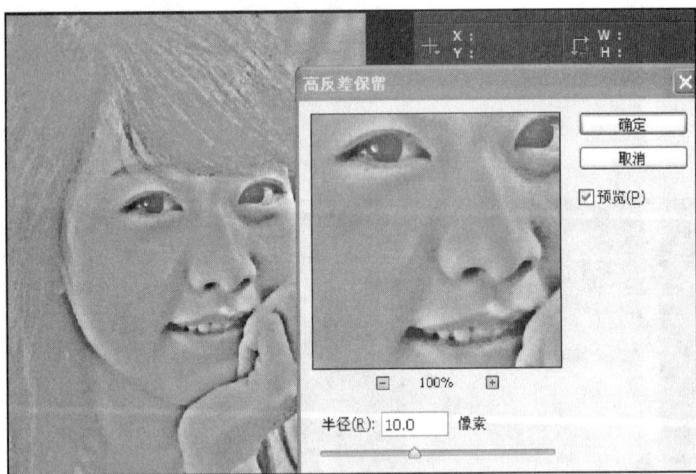

09 选择"图像">"计算"选项，如图 2-2-4-20 所示，弹出"计算"对话框。计算的目的是得到精确的选区，在"计算"对话框中的"混合"下拉列表中选择"强光"选项，如图 2-2-4-21 所示，使比 60% 中性灰暗的地方更暗，比 60% 中性灰亮的地方更亮。

10 重复操作三次，产生三个新通道"Alpha1"～"Alpha3"，如图2-2-4-22所示，可以看出图像的层次更分明了，图片中脸部的瑕疵也彰显无余。将Alpha3通道载入选区，如图2-2-4-23所示，这时出现的选区是图像中比较亮的区域。

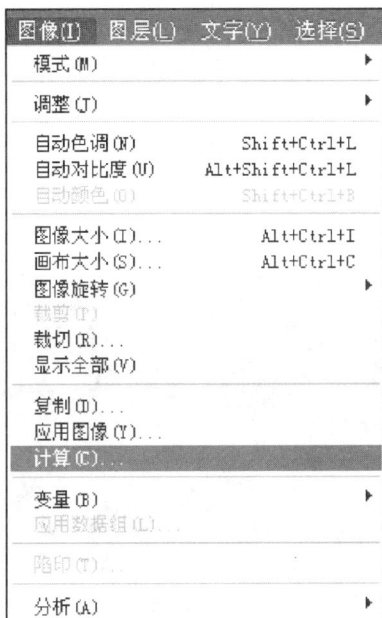

图2-2-4-20　执行"计算"命令

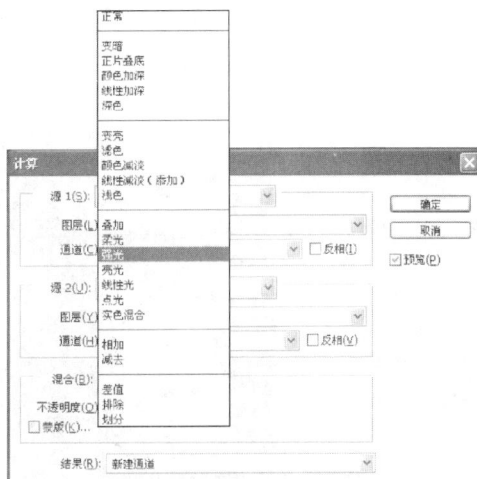

图2-2-4-21　选择"强光"选项

图2-2-4-22　产生三个新通道"Alpha1"～"Alpha3"

11 选择"选择">"反向"选项（或按 **Ctrl** + **Shift** + **I** 组合键，如图 2-2-4-24 所示），调换选区，即选择比灰暗处更暗的区域。

12 切换到"图层"面板，选择图像的副本，选择"图像">"调整">"曲线"选项，弹出"曲线"对话框，把曲线中间部分稍向上拉以提升亮度，如图 2-2-4-25 所示。如果一次提高的幅度不够或过多，则可撤销后重新选择选区再提亮，直到效果满意为止。

13 取消选区（按 **Ctrl** + **D** 组合键），最终效果如图 2-2-4-26 所示。

图 2-2-4-23 将"Alpha3"通道载入选区

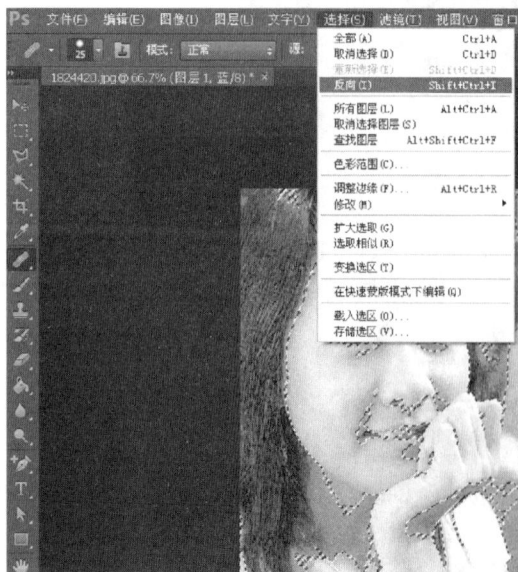

图 2-2-4-24 执行"反向"命令

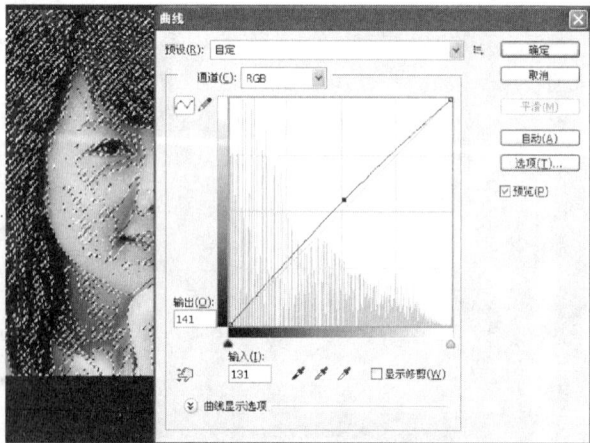

图 2-2-4-25 调整曲线

通道计算磨皮主要是将人物面部的暗点部位选出，再调亮这部分区域，从而使得人物面部更加白皙、光滑。相比于高斯模糊磨皮，通道计算磨皮图片效果看起来会更加自然，没有一眼看上去假的感觉，而原本暗黄的皮肤瞬间白皙了许多。

用下载的专用磨皮插件进行磨皮
——操作步骤及使用的命令、工具

除了高斯模糊磨皮和通道计算磨皮外，还可以利用从网络上下载的磨皮插件来完成。磨皮插件有多种，Kodak插件是其中优秀的一款，多数影楼选择使用这款插件。下面简单介绍 Kodak 插件的使用。

01 在网络上搜索 Kodak 插件，然后下载到指定文件夹，如图 2-2-4-27 所示。

图 2-2-4-26 通道磨皮的最终效果图

图 2-2-4-27 下载的 Kodak 插件

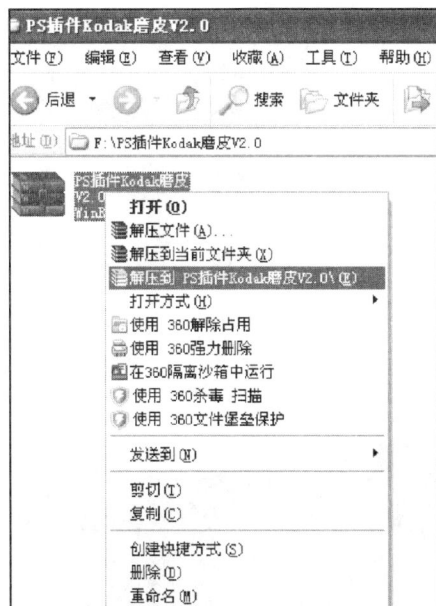

02 解压下载的插件压缩包，如图 2-2-4-28 所示。

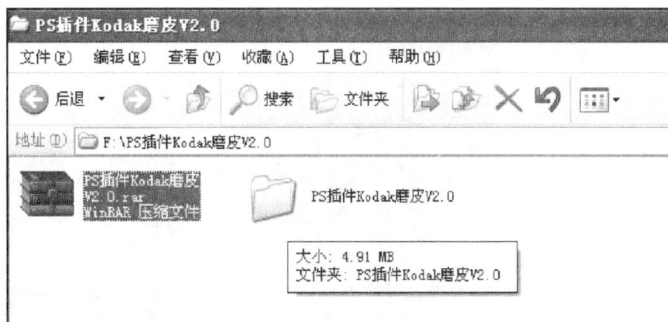

图 2-2-4-28 解压插件压缩包

03 将解压后的 Kodak 插件复制并粘贴到 Photoshop 目录文件夹 C:\Program Files\Adobe\Adobe Photoshop CS6\Required\Plug-Ins 中，如图 2-2-4-29 所示。

(a)

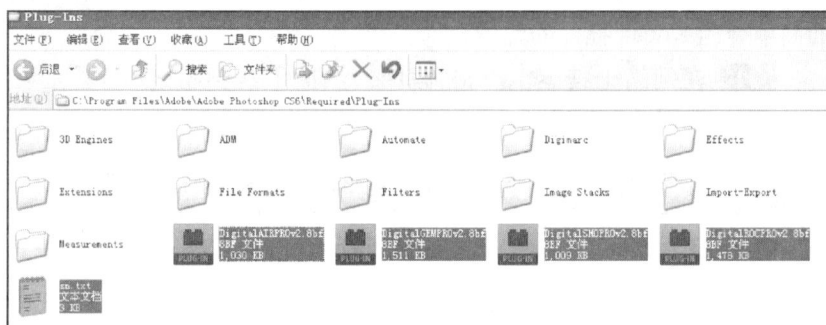

(b)

图 2-2-4-29　将插件复制并粘贴到 Photoshop 目录下

04 保存好文件后，启动软件，选择"滤镜" > "Kodak" > 各个滤镜选项，如图 2-2-4-30 所示。

图 2-2-4-30　启动 Kodak 磨皮插件

05 输入注册号，如图 2-2-4-31 所示，即可注册使用插件。注册号在解压后的滤镜文件夹的"sn"记事本文件中。

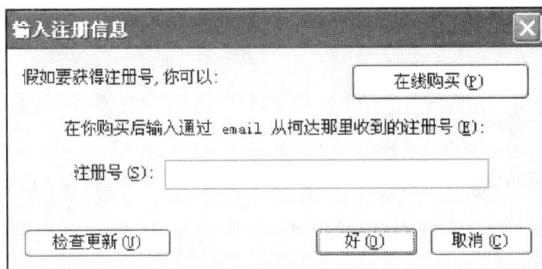

图 2-2-4-31 输入"注册号"

06 打开需要磨皮处理的照片，复制图层，在工具箱中选择魔棒工具，将需要处理的皮肤部分选取出来（如果显示文件偏小，则可以先更改图像大小），选择"滤镜">"Kodak"选项，选择"Kodak"滤镜系列中的第一个滤镜，弹出"Kodak"插件对话框，设置参数，进行磨皮操作，如图 2-2-4-32 所示。如一次磨皮未达到效果，可以重复操作。

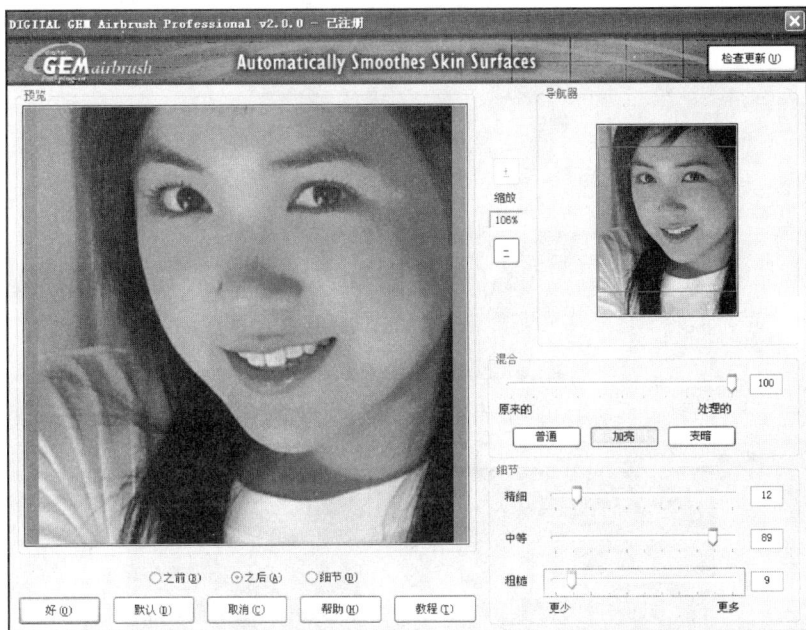

图 2-2-4-32 磨皮操作

07 参数设置完成后，单击"确定"按钮，最终效果如图 2-2-4-33 所示，还可以用其他滤镜调试图片，然后将文件存储到指定文件夹。

"Kodak"磨皮滤镜主要使用的命令参数功能如下：

1）混合：指磨皮后与原图是否进行混合，可以理解为图层的不透明度，通常选择为"100"，即不进行混合。

图 2-2-4-33 插件磨皮的
最终效果图

2）精细：对人物轮廓的还原，精细值越大越好，推荐设置为 100。

3）中等：对人物明暗的过渡，通常设置为"0"，推荐值为 20 ～ 30。

4）粗糙：控制人物的杂色颗粒，是否需要此设置根据个人喜好选择。

利用插件磨皮不仅方便快捷，还免除了记忆烦琐的操作步骤。插件磨皮最大的优势是简单，磨皮的效果也大体令人满意，适合初学者使用。

课后拓展

1）利用磨皮操作为下面图片中的人物去除黑眼圈、修补眉毛、调整肤色。

2）利用磨皮操作为下面照片中的人物修饰皮肤。

实例2.2.5　虚化背景和合成图像

有人拍摄了漂亮的风景照片，但是有的照片看起来有些杂乱，照片主题不突出。本实例内容是将拍摄和收集的风景照片进行虚化背景处理，突出主题，有些图片可以进行多张合成，产生不同的意境。

实例要求：

1）保留照片源文件。

2）虚化背景，突出主题。

3）添加和主题相关的文字。

4）无缝拼接两幅图为一幅图。

■ 实例分析

1．蒙版的使用

在使用 Photoshop 进行图形处理时，经常会有抠图、边缘淡化、图层间的融合等效果的处理，这时常常需要保护一部分图像，以使它们不受各种处理操作的影响。蒙版就是具有这种功能的工具，它是一种灰度图像，其作用是遮盖处理区域中的一部分，当对处理区域内的整个图像进行模糊、上色等操作时，被蒙版遮盖的部分不会受到影响。

蒙版还可以达到这样的效果：当蒙版的灰度色深增加时，被覆盖的区域会变得更加透明。利用这一特性，可以用蒙版改变图片中不同位置的透明度，甚至可以代替橡皮工具在蒙版上擦除图像，而不影响图像本身。

2．实例的制作过程

1）收集需要抠图的照片。

2）利用蒙版制作虚化背景。

3）利用蒙版合成图像。

4）保存照片到指定文件夹。

■ 实例具体制作

1．收集素材

教师从数码摄影店获取照片，或者从网络上查找一些照片。

2．知识准备

Photoshop 中的蒙版有三种：快速蒙版、图层蒙版和剪贴蒙版。

（1）快速蒙版

它是蒙版最基础的操作方式，通过它可以建立不规则并有多种不同羽化值的选区，这种选区的随意性和自由性较强，是利用选框工具也得不到的特殊选区。只需要单击工具箱下方的"快速蒙版"按钮，就可以建立快速蒙版，然后通过画笔工具在图像上添加红色蒙版，从而得到灵活多变的选区。快速蒙版的功能就是建立自定义的特殊选区。所以，当需要用特殊选区来选择图像操作时，最好使用快速蒙版。

（2）图层蒙版

它是 Photoshop 蒙版的学习核心，图层蒙版只对相应的图层产生作用，图层蒙版是灰度图而不是红色的。我们可以用画笔在蒙版上进行编辑，而使图层图像本身不被编辑和改变，图层蒙版上只有三种颜色，即黑色、白色、灰色，并对相应的图层图像产生隐藏、不隐藏和半隐藏的效果。根据灰度图的特性，只需控制三种颜色来对蒙版进行操作，使图像产生变化，变化的规律只需牢记下面三条：

1）白色——不透明（蒙版中的白色将使图像呈不透明显示）；

2）黑色——透明（蒙版中的黑色将使图像呈透明显示）；

3）灰色（256 级灰度）——半透明（蒙版中的不同灰色将使图像呈不同的半透明显示）。

也就是说，图层蒙版是在不改变原图像的基础上，通过控制蒙版中的三种颜色，用蒙版遮盖在图像上，使图像以被隐藏、不隐藏或半隐藏的方式显示得到特殊的效果。蒙版主要用于复杂边缘图形的抠图，处理图的边缘淡化效果及图层间的融合等，如图 2-2-5-1 和图 2-2-5-2 所示。

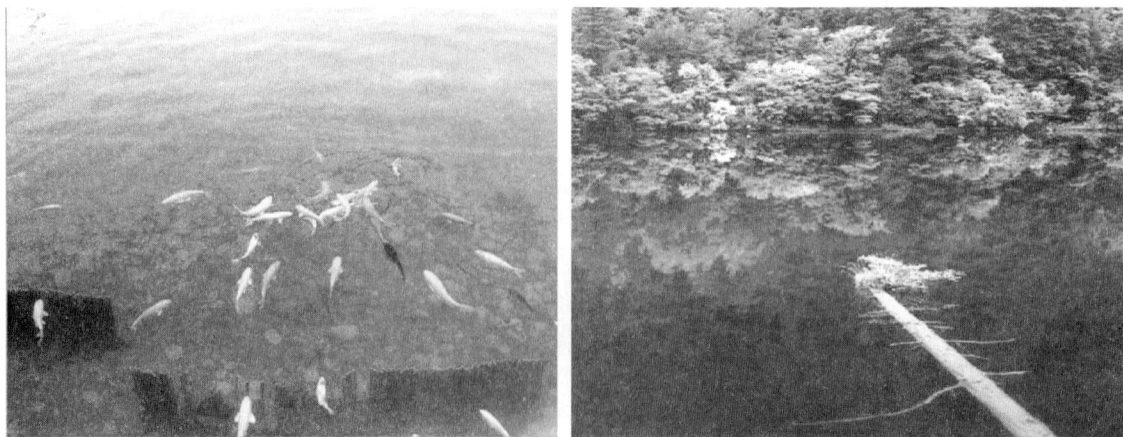

(a)   (b)

图 2-2-5-1　原图

图 2-2-5-2　合成后的图像

3．实例制作的操作步骤

虚化背景、突出主题
——操作步骤及使用的命令、工具

01 打开图片，复制图层，如图 2-2-5-3 所示。

02 选择"滤镜"＞"模糊"＞"高斯模糊"选项，弹出"高斯模糊"对话框，设置模糊半径，如图 2-2-5-4 所示。

03 将复制图层的"不透明度"设置为"80%"，如图 2-2-5-5 所示。

图 2-2-5-3　打开图片并复制图层

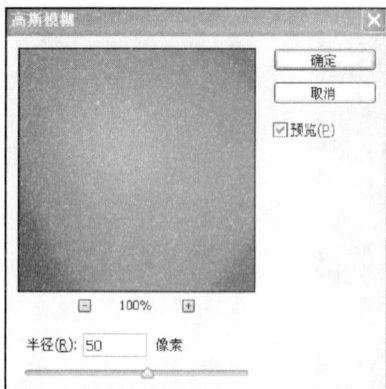

图 2-2-5-4　设置模糊半径

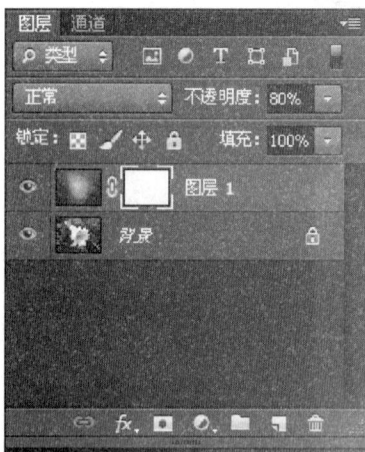

图 2-2-5-6　添加图层蒙版

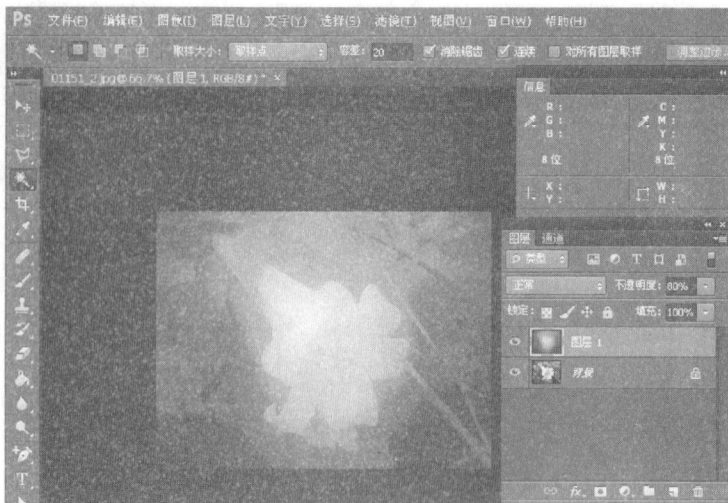

图 2-2-5-5　设置不透明度

04 单击"图层"面板下方的"添加蒙版"按钮，为背景副本图层添加图层蒙版，如图 2-2-5-6 所示。

05 设置前景色为黑色，如图 2-2-5-7 所示。

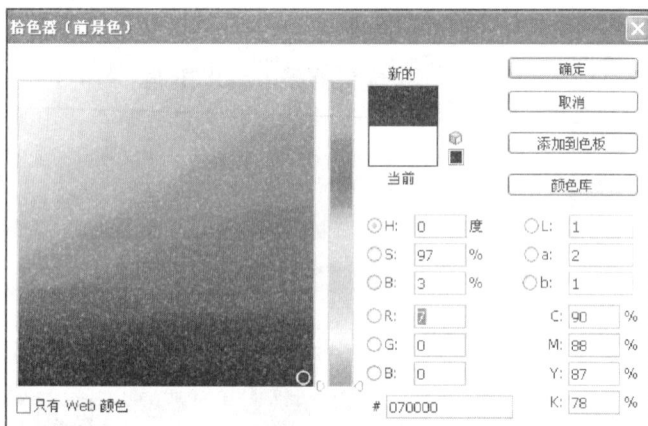

图 2-2-5-7　设置前景色

06 在工具箱中选择画笔工具，用黑色画笔在需要突出的"花"上进行涂抹，将花显现出来，如图 2-2-5-8 所示。

07 如果用黑色画笔涂抹时涂过了界，则可以用白色的画笔将背景涂抹回来，在涂抹时用黑色和白色画笔交换涂抹，将"花"完全涂抹出来，如图 2-2-5-9 所示。

08 涂抹完成后，将"图层 1"的不透明度更改为 100%。图层合并后的效果如图 2-2-5-10 所示，将文件存储到指定文件夹。

图 2-2-5-8　涂抹

图 2-2-5-9　将"花"完全涂抹出来

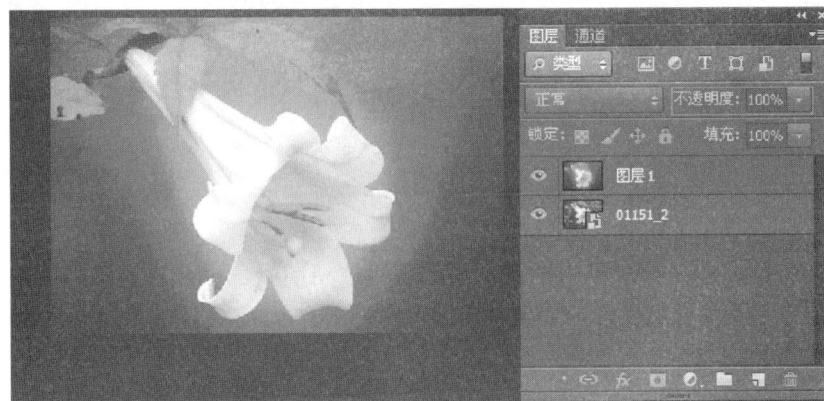

图 2-2-5-10　图层合并后的效果图

合成一张环保宣传画
——操作步骤及使用的命令、工具

01 打开需要合成的两张图片，然后使用移动工具将其中一幅图片拖入到另外一幅上，如图 2-2-5-11 所示。

图 2-2-5-11 拖入图片

02 按 Ctrl + T 组合键任意变形，调整好图形的大小和位置，如图 2-2-5-12 所示。

图 2-2-5-12 调整图片大小和位置

03 为"图层 1"添加图层蒙版后，将前景色设置为黑色，在工具箱中选择画笔工具（选择比较柔和的笔头）涂抹不需要的部分，如图 2-2-5-13 所示。

04 将"图层 1"混合模式设置为"柔光"，使两个图层的色彩接近，如图 2-2-5-14 所示。

05 将"图层 1"拖动到"创建新图层"按钮上，复制图层，如图 2-2-5-15 所示。

06 选择最下面的图层，选择"图像">"调整">"色相／饱和度"选项，如图 2-2-5-16 所示，弹出"色相／饱和度"对话框，设置如图 2-2-5-17 所示参数，降低背景图层的饱和度和明度。

图 2-2-5-13　涂抹不需要的部分

图 2-2-5-14　使两个图层色彩接近

图 2-2-5-15　复制"图层 1"

图 2-2-5-16　执行"色相／饱和度"命令

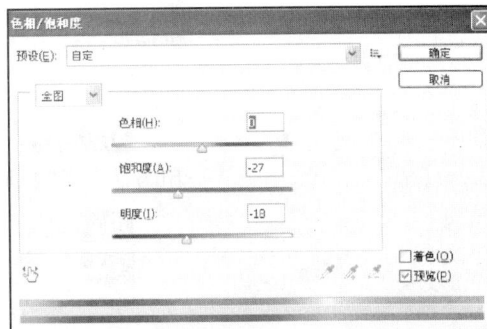

图 2-2-5-17　调整饱和度和明度

113

07 最终效果如图 2-2-5-18 所示。这样就将色彩不同的两幅图片合成为一幅图片了。

图 2-2-5-18　合成图片的最终效果

利用渐变填充在蒙版上拖动也可以合成两幅图片。操作步骤如下：

01 先打开两个文件，将其中一张图片移动到另外一张图片上，如图 2-2-5-19 所示。

图 2-2-5-19　移动图片

02 隐藏"图层 1"，调整背景图层的色相、饱和度，如图 2-2-5-20 和图 2-2-5-21 所示。

03 显示被隐藏的"图层 1"，如图 2-2-5-22 所示。

04 为"图层 1"添加图层蒙版，如图 2-2-5-23 所示。

图 2-2-5-20 隐藏图层

图 2-2-5-21 调整色相、饱和度

图 2-2-5-22 显示被隐藏的图层

图 2-2-5-23 添加图层蒙版

图 2-2-5-24　渐变填充

05 在工具箱中选择渐变工具，设置为"黑色"、"白色"的线性渐变填充，如图 2-2-5-24所示。

06 在工具箱中选择渐变填充工具，在蒙版上拖动，直到两个图层无缝拼接成一幅图为止，如图 2-2-5-25 所示。

图 2-2-5-25　两图拼接

07 将"图层 1"的图层混合模式设置为"柔光"，如图 2-2-5-26所示。

图 2-2-5-26　设置"图层 1"的图层混合模式为"柔光"

08 再复制一次"图层1",两幅图的色调就基本符合了,如图2-2-5-27所示。

09 可以在图片中添加呼吁人们节约用水、保护森林、爱护环境等广告语。

图2-2-5-27 复制"图层1"

小知识

对于初学者来讲,蒙版学习起来有一些难度,但是蒙版在图片设计时作用很大。简单地说,图层蒙版是灰度图像,用黑色在蒙版上涂抹将隐藏当前图层的内容,显示下层图层的图像;相反,用白色在蒙版上涂抹则会显露当前图层信息,遮盖下层图层;用灰色涂抹时是半透明的,透明度与灰色深浅有关系,灰度越深,透明度就越高。可用一种很形象的方式来说明,例如,天冷时对着镜子哈一口气,这时会看到镜片蒙上了一层灰白的雾(蒙版),而人像(原图)被雾遮盖了,这时用手指在镜子上涂抹一下,人像就会在涂抹过的地方变得清晰可见,这就是蒙版的原理。而手指充当了蒙版状态下的黑色画笔,重新哈气则充当了白色画笔。

课后拓展

1）利用蒙版合成下面两幅图，形成第三幅图的效果。

2）用快速蒙版抠图后将新娘放在背景的花中。

实例2.2.6 抠 图

生活中有很多照片因为背景不理想而影响了整个照片的效果，制作效果图时也需要将照片中的某部分抠取出来，移动到另外一张图片中。这时就需要在图片中进行抠图操作，抠图也是 Photoshop 中的重要内容，下面就来学习抠图的技巧，掌握一些抠图的基本方法，为后面的学习打下基础。

实例要求：

1）保留照片源文件。

2）照片处理后颜色要自然，照片中的景物和人物清晰可见。

3）照片处理后保存为 JPG 格式。

4）调整好的图片以压缩文件形式发送到指定电子邮箱。

■ 实例分析

1．抠图

抠图是图像处理中最常做的操作之一，即将图像中需要的部分从画面中精确地提取出来。抠图是后续图像处理的重要基础。很多人认为抠图知识不易掌握，其实抠图并不难，只要有足够的耐心和细心，掌握最基础的 Photoshop 知识就能很好地抠出图片。

2．实例的制作过程

1）收集需要抠图的照片。

2）使用抠图工具或用其他色彩、滤镜等抠取出想要的部分。

3）为抠取出的图像更换背景。

4）保存图片到指定文件夹。

■ 实例具体制作

1．收集素材

教师从数码摄影店获取照片，或者从网络上收集照片。

2．知识准备

Photoshop 中有多种抠图方法，实际应用中应根据图片的画面情况选择使用抠图方法。

1）如果画面主体和背景之间的色差比较大，颜色边缘清晰，则通常使用魔棒工具进行抠图。

2）如果画面主体边缘清晰，但是颜色复杂或者和背景之间的色差较小，则使用钢笔工具抠图。

3）如果画面主体边缘清晰并由直线构成，但是颜色复杂或者和背景之间色差小，则可以直接使用多边形套索工具进行抠图。

4）如果要抠出如人物头发、动物皮毛、婚纱等半透明材质的效果，则选择背景橡皮擦，调整边缘、通道等，与蒙版结合抠图。

3．实例制作的操作步骤

用背景橡皮擦抠图
——操作步骤及使用的命令、工具

01 打开需要更换背景的人物图片（图 2-2-6-1）和用于更换的背景图片（图 2-2-6-2）。

图 2-2-6-1　需要更换背景的图片　　　图 2-2-6-2　用于更换的背景图片

02 使用移动工具将背景图片拖动到人物图层的上方，如图 2-2-6-3 所示。

03 双击"背景"层上的"锁"，将图层解锁为"图层 0"，如图 2-2-6-4 所示。

04 将"图层 0"拖动到背景层的上方（图 2-2-6-5）。

图 2-2-6-3　背景图片拖动到人物图层上方

图 2-2-6-4　图层"解锁"

图 2-2-6-5　拖动"图层 0"

05 设置前景色为头发发梢的颜色，使用吸管工具在头发发梢上取色，如图 2-2-6-6 所示。

图 2-2-6-6　设置前景色并取色

06 设置背景色为头部图像背景的颜色，用吸管工具在人物图像背景上取色，图 2-2-6-7 所示。

图 2-2-6-7　设置背景色并取色

07 在工具箱中选择背景橡皮擦工具，将背景橡皮擦工具选项栏中的"取样"设置为"背景色板"，将"限制"设置为"不连续"，如图2-2-6-8所示。

图2-2-6-8 设置"取样"及"限制"

08 使用背景橡皮擦工具在人物周围进行涂抹，去除人物的原背景色，如图2-2-6-9所示。

09 在衣服的边缘外可将容差减小后再进行涂抹，如图2-2-6-10所示，直到所有不需要的背景色全部涂抹掉为止，将文件存储到指定的文件夹。

图2-2-6-9 涂抹去掉原背景色

图2-2-6-10 减小容差涂抹后的效果图

用图像模式抠图
——操作步骤及使用的命令、工具

01 打开背景图和需要抠取的图案，如图2-2-6-11所示。

图2-2-6-11 背景图和抠取的图案

02 使用移动工具将需要抠取的花纹图像拖动到背景图上方，如图 2-2-6-12 所示。

图 2-2-6-12　将"花纹"图像拖动到背景图上方

03 将"花纹"的图层混合模式设置为"滤色"，如图 2-2-6-13 所示。这样花纹就被"印"在了背景图上，如图 2-2-6-14 所示。

04 合成后的图案上方有一条白杠，使用橡皮擦工具直接将其擦除即可，如图 2-2-6-15 所示。最终效果如图 2-2-6-16 所示，将文件存储到指定文件夹。

图 2-2-6-13　设置图层混合模式为"滤色"

图 2-2-6-14　"花纹"与背景图合成

图 2-2-6-15　擦除"白杠"

图 2-2-6-16　最终效果图

用快速选择工具 + 调整边缘抠图
—— 操作步骤及使用的命令、工具

01 打开需要抠图的图片，复制背景层两次，在"图层 1 副本"的下一层新建一个空白图层（图 2-2-6-17）后，使用渐变工具拖动出渐变颜色，如图 2-2-6-18 所示，这一层将作为抠出图的背景。

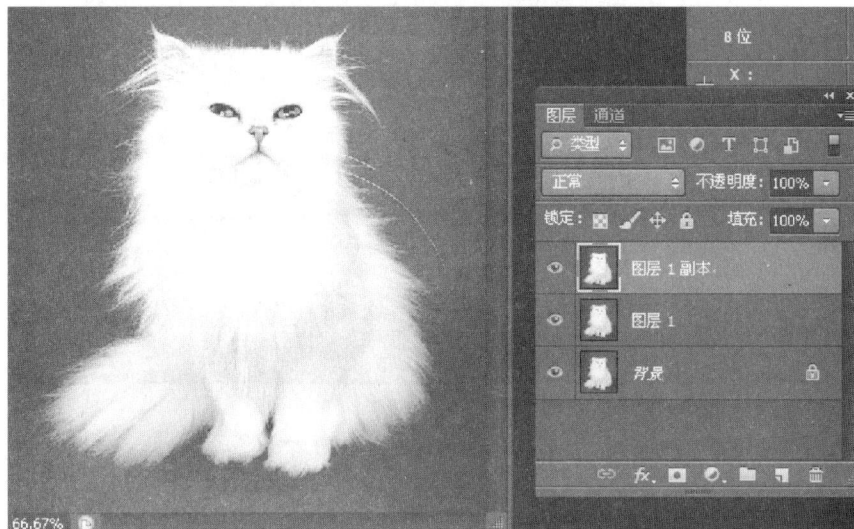

图 2-2-6-17　复制背景层

图 2-2-6-18　渐变编辑器

02 选择"图层 1 副本",在工具箱中选择快速选择工具,在白色区域拖动快速选择工具把小猫的主体选取出来,如图 2-2-6-19 所示,也可以使用套索、魔棒等选区工具。

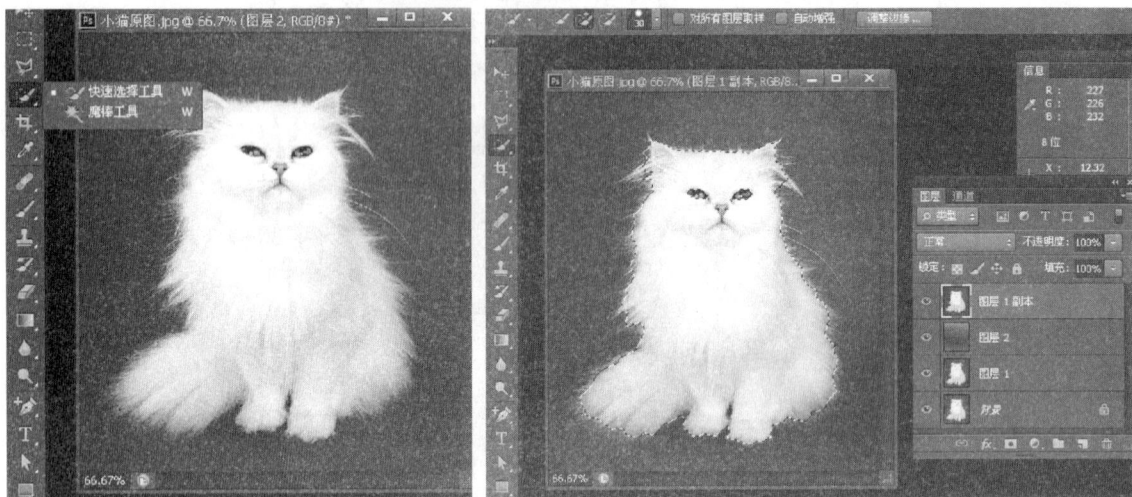

图 2-2-6-19　选取主体

03 选择"选择">"调整边缘"选项,如图 2-2-6-20 所示,弹出"调整边缘"对话框,设置"边缘检测"选项组中的半径值和"输出到"的参数,如图 2-2-6-21 所示。调整参数时观察小猫的边缘情况来确定参数的大小,效果如图 2-2-6-22 所示。

图 2-2-6-20　执行"调整边缘"命令

图 2-2-6-21　调整边缘参数

图 2-2-6-22　调整边缘参数后的效果图

04 如果效果不是很理想，可以再进行一次调整，选择"图层 1 副本"，执行相同的操作，参数设置如图 2-2-6-23 所示，效果如图 2-2-6-24 所示。

图 2-2-6-23　参数重新设置

图 2-2-6-24　再次调整后的效果图

05 此时，小猫的白色部分基本上被选取出来了，但是不显示眼睛、鼻子等部分，此时为"图层 1 副本"添加黑色蒙版（按住 *Alt* 键并单击"添加蒙版"按钮），再使用白色画笔工具涂抹小猫头部没有显示的地方，注意选择柔和笔头，如图 2-2-6-25 所示。

06 最终效果如图 2-2-6-26 所示，将文件存储到指定文件夹。

图 2-2-6-25　添加图层蒙版并涂抹

图 2-2-6-26　最终效果图

小知识

　　抠图是学习 Photoshop 的必选操作，也是 Photoshop 的重要功能之一。Photoshop 抠图方法无外乎两大类：一是选区抠图，二是运用滤镜抠图。

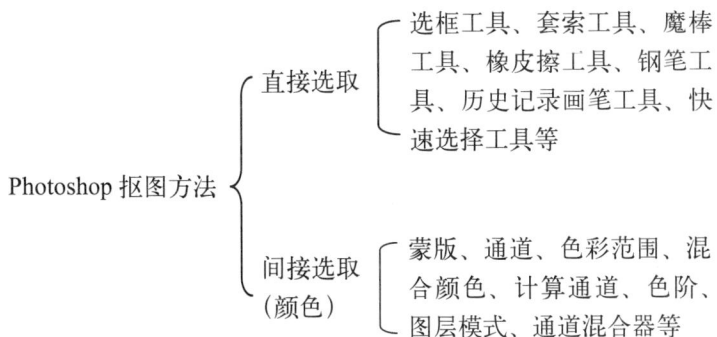

Photoshop 抠图方法

直接选取：选框工具、套索工具、魔棒工具、橡皮擦工具、钢笔工具、历史记录画笔工具、快速选择工具等

间接选取（颜色）：蒙版、通道、色彩范围、混合颜色、计算通道、色阶、图层模式、通道混合器等

　　选区工具组的抠图功能如图 2-2-6-27 所示。

　　1）矩形选框工具组主要抠取规则区域，如图 2-2-6-28 和图 2-2-6-29 所示。

图 2-2-6-28　矩形选框工具抠图

图 2-2-6-29　椭圆选框工具抠图

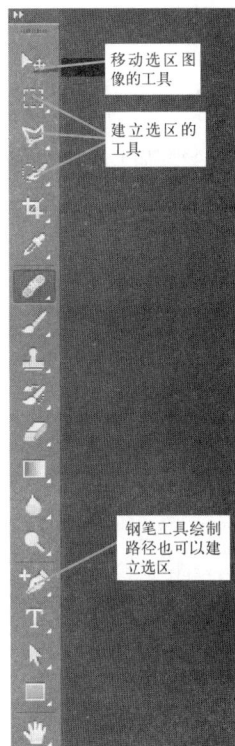

移动选区图像的工具

建立选区的工具

钢笔工具绘制路径也可以建立选区

图 2-2-6-27　选区工具组

2）套索工具组抠取不规则区域，如图 2-2-6-30 所示。

3）魔棒工具组选择色彩相同或相似的区域。魔棒抠取图像适用于图像和背景色差明显、背景色单一、图像边界清晰的图像，而对散乱的毛发不适用。图 2-2-6-31 所示图像不适合用魔棒工具进行抠图。

图 2-2-6-30　套索工具抠图　　图 2-2-6-31　魔棒工具不能抠取的图像

4）钢笔工具抠取不规则的区域。钢笔工具进行抠图最精确也最花时间，其适用于图像边界复杂、不连续、加工精度高的图像，如图 2-2-6-32 所示。

本单元仅介绍了部分抠图方法，读者可以自己学习和探索一些其他抠图方法，然后找出自己比较擅长的几种方法并加强练习。

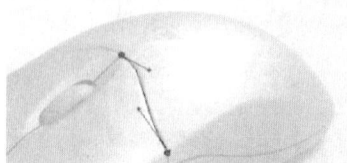

图 2-2-6-32　加工精度高的图像

课后拓展

请为下面图片中的内容更换背景。

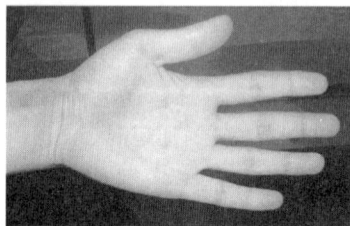

艺术照的后期处理和制作

学习目标

- 熟悉儿童艺术照、成人艺术照、婚纱艺术照的拍摄过程和风格；
- 能对系列儿童艺术照进行创意排版；
- 能将生活照制作成艺术照并排版；
- 能对婚纱艺术照进行后期处理和排版。

学习重点

- 熟悉各种艺术照的拍摄过程；
- 能根据客户的不同要求对拍摄好的照片进行后期处理和排版。

实例2.3.1　儿童艺术照的制作

　　酷宝贝摄影店拍摄了一批儿童艺术照，需要进行后期处理和排版，某学生在该摄影店实习，他负责对这批照片进行处理和排版。目前，这批照片调色、瑕疵处理等已经完成，需要排版成册，将其制作成系列艺术照。

　　实例要求：

1）保留照片源文件。

2）根据照片的风格设计和制作艺术照模板。

3）艺术照的设计要符合儿童天真可爱的特征。

4）照片设计风格应美观大方，简单明了，不可过于影响原照片的构图思想。

■ 实例分析

　　1．艺术照记忆童年

　　儿童时期是人一生中最纯净和美好的阶段。如何将这短暂的美好永久留存？拍摄照片是最简便可行的方法。除了自己拍摄外，很多家长也选择专业的影楼，经过化妆、造型、Photoshop 后期处理以得到展示宝宝最漂亮的一面。

　　2．实例的制作过程

　　1）拍摄儿童照片。

　　2）照片后期处理。

　　3）排版制作艺术照。

■ 实例具体制作

　　1．收集素材

　　1）家长用摄影器材自行拍摄一些生活照。

　　2）在影楼化妆造型后由专业摄影师使用专业的设备拍摄。

　　2．知识准备

　　拍摄儿童艺术照的原则和技巧有以下几个方面。

（1）使用简单的背景

简单的背景会使拍摄对象突出，所以让宝宝置于简单且不令其分神的背景中，拍摄出的照片效果会更加自然真实，如图2-3-1-1所示。

（2）使用自然光线

多数人可能会发现，阴天可以为人物拍摄提供最佳光照条件。明亮的阳光太刺眼，并且会在人的面部留下阴影。在阴天，柔和的光线令面部更加美丽。在室内，可以关闭闪光灯，使用从窗口透过的光线进行拍摄，可令拍摄对象的外观更加柔和，且有光芒透出。在影楼的实景配置中，自然光源的配置显得特别重要。日光变化要很丰富且真实，孩子们才乐意接受，对他们快速适应环境，从而提高表现力有很大的帮助。使用自然光线拍摄后的效果如图2-3-1-2所示。

图 2-3-1-1 简单背景效果图

（3）拍摄所有表情

多数情况下人们拍摄微笑时的图片较多，为了捕捉所有表情，可以拍摄包括傻笑、皱眉、痛哭等的照片，如图2-3-1-3所示。

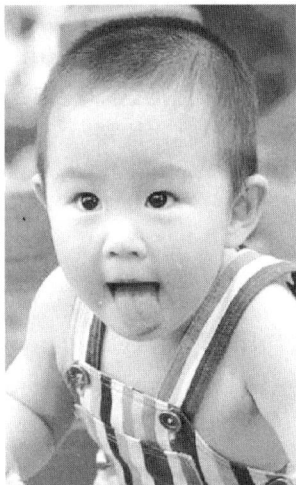

图 2-3-1-2 自然光线效果图

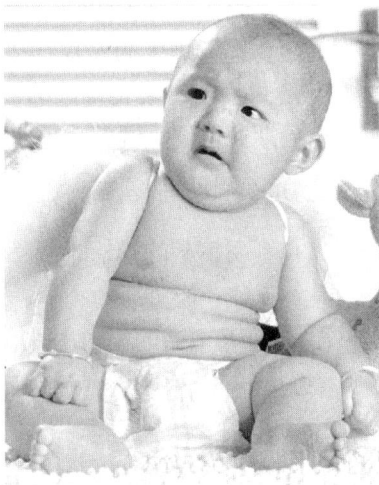

图 2-3-1-3 捕捉所有表情图

（4）减少成人化造型和不恰当的装饰

有些影楼喜欢在化妆造型时照搬成人式的衣服和发型，而这一点特别表现在女宝宝的艺术照中，让宝宝瞬间成了"小大人"，完全失去了幼儿的童真感，如图2-3-1-4所示。还有一些影楼喜欢给宝宝戴上假发等装饰，让孩子表现得没有了童真感（图2-3-1-5），看起来有一种违和感，不协调。

（5）后期过度处理

所有的宝宝天生有娇嫩的皮肤，后期过度磨皮强调皮肤质感，反而起了反作用，好像宝宝带上了假面具，看不清五官轮廓，如图2-3-1-6所示。

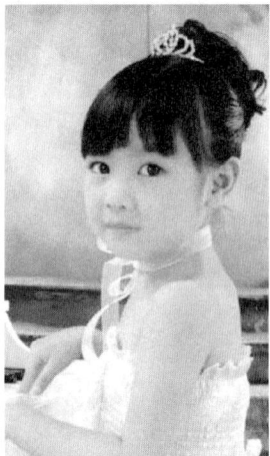

图 2-3-1-4 过于成人化的艺术照　图 2-3-1-5 戴假发的艺术照　　图 2-3-1-6 后期过度处理的效果图

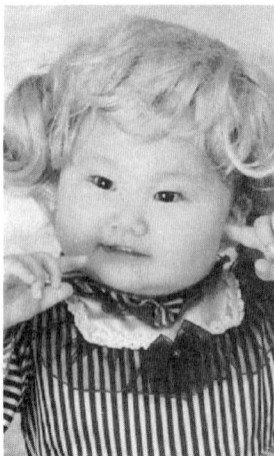

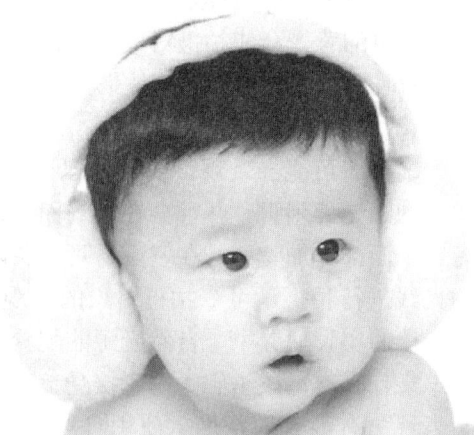

3. 排版成册

排版成册的模板有两种方式：利用下载的模板排版艺术照，自己制作模板排版艺术照。

下面要进行排版的照片是从专业摄影师更换不同的拍摄角度拍摄的上百张照片中，家长挑选的 20 张需要成册的照片。这些照片由某实习生后期处理过，现在我们来尝试将这些照片排版制作成册。

4. 实例制作的操作步骤

（1）利用下载的模板排版艺术照

具体操作步骤如下：

01 打开下载的模板图片，如图 2-3-1-7 所示。

图 2-3-1-7 下载的模板图片

02 在工具箱中选择魔棒工具，单击白色区域，也可以按住 *Shift* 键并单击，添加选区范围。选择添加照片的背景区域如图 2-3-1-8 所示。

03 打开宝宝的照片，用矩形选框工具选择选区后进行复制，如图 2-3-1-9 所示，再选择"编辑">"选择性粘贴">"贴入"选项，粘贴入模板的选区，再使用自由变形工具将图片调整到合适大小，如图 2-3-1-10 所示。

04 用同样的方法，将其他照片也贴入模板，完成一幅艺术照的排版，如图 2-3-11 所示。

图 2-3-1-8　选择背景区域

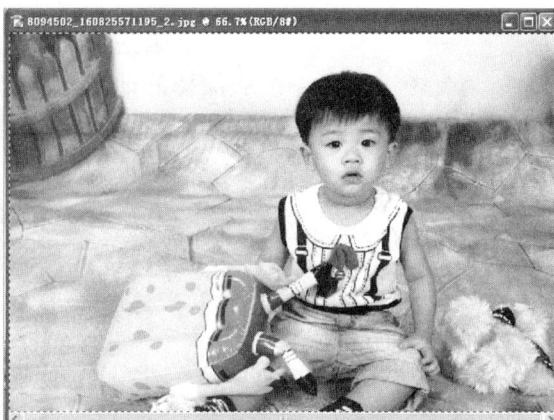

图 2-3-1-9　选择选区

图 2-3-1-10　贴入图片后的效果图

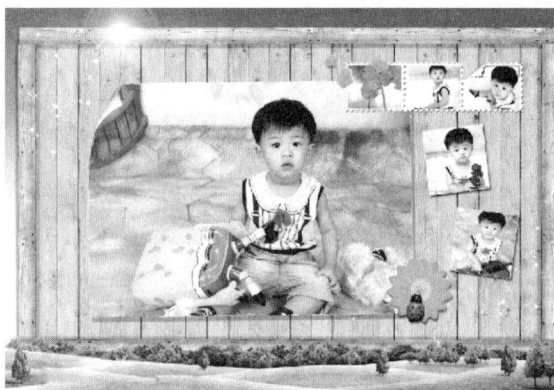

图 2-3-1-11　一幅艺术照排版完成

（2）自己制作模板排版艺术照

1）快速蒙版的使用：快速蒙版模式可以将任何选区作为蒙版进行编辑，而将选区作为蒙版进行编辑的优点是几乎可以使用任何 Photoshop 工具或滤镜修改蒙版。例如，如果用选框工具创建了一个矩形选区，则既可以进入快速蒙版模式并使用画笔扩展或收缩选区，也可以使用选区工具或滤镜扭曲选取边缘。

图 2-3-1-12 所示为快速蒙版模式和标准模式切换的按钮，单击按钮进入快速模板方式（进入和退出的快捷键是 Q）。

2）快速蒙版的基本作用如下：

① 抠图。

② 保护图层局部不被整体滤镜影响，或不被其他操作影响。

③ 应用于图层之间的合并效果。

蒙版需要用黑色画笔进行涂抹，所以选择画笔大小可以改变蒙版的涂抹效果。大面积涂抹时要用大像素画笔，精细涂抹时要使用小像素画笔，如果涂抹过程中区域涂抹过多，则可以用白色画笔重新涂抹恢复，如图 2-3-1-13 所示。

涂抹完成后，切换到正常模式（或按 Q 键退出蒙版），这时蒙版涂抹的地方变成选区。如果反选区域，则选择"选择" > "反向"选项（或按 Ctrl + Shift + I 组合键）调换选区，如图 2-3-1-14 所示。

图 2-3-1-12　快速蒙版模式

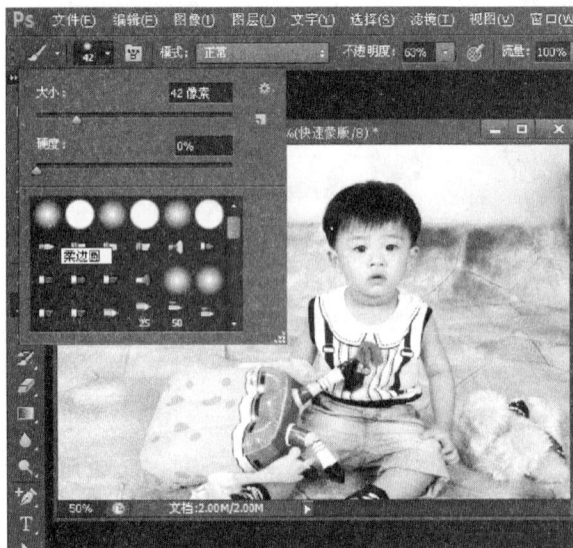

图 2-3-1-13　蒙版涂抹

图 2-3-1-14　调换选区

具体操作步骤如下：

01 新建一个 1024×768 像素的空白文档，如图 2-3-1-15 所示，分辨率为 72dpi（仅保存，如果需要打印，则分辨率不能低于 300dpi）。

02 使用渐变填充工具（图 2-3-1-16），设置从左到右为白色到浅绿色渐变，使用渐变工具从左到右在文档中拖动出渐变色彩，如图 2-3-1-17 所示。

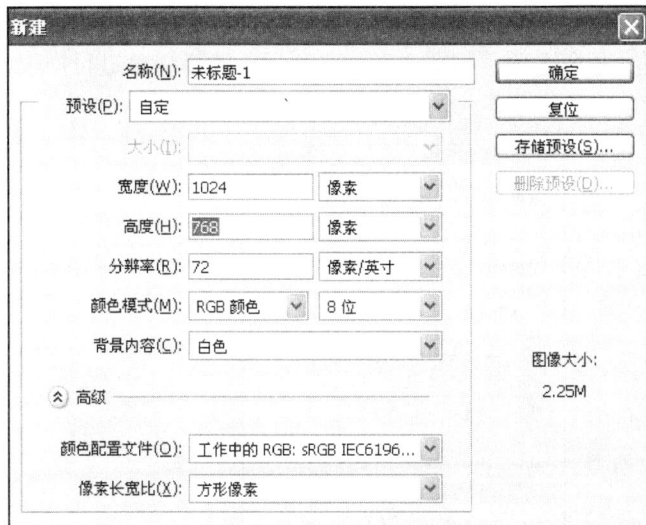

图 2-3-1-15　新建空白文档

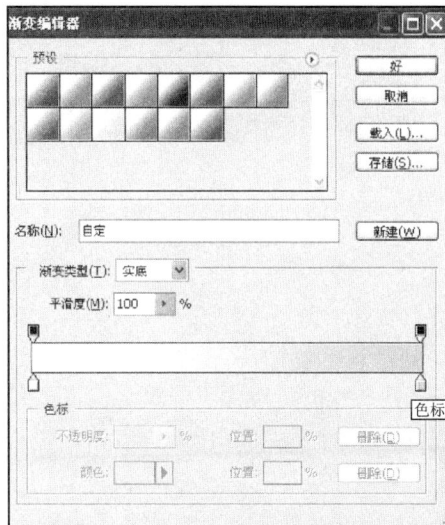

图 2-3-1-16　选择渐变填充工具

03　打开一幅漂亮的绿叶图，如图 2-3-1-18 所示，用椭圆选框工具将中间的花选出，设置羽化半径为"25"像素（图 2-3-1-19），使花的边缘模糊，再使用移动工具将花拖动到新建的文档中，这样可以较好地与背景融合，如图 2-3-1-20 所示。

图 2-3-1-17　渐变色彩

图 2-3-1-18　绿叶图

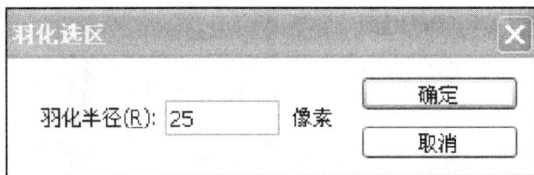

图 2-3-1-19　设置"羽化半径"值

图 2-3-1-20　花与背景融合效果图

04 使用椭圆选框工具拖动出一个选区，新建一个图层，选择"编辑">"描边"命令选项，如图 2-3-1-21 所示，选择绿色进行描边，大小为 8 像素。

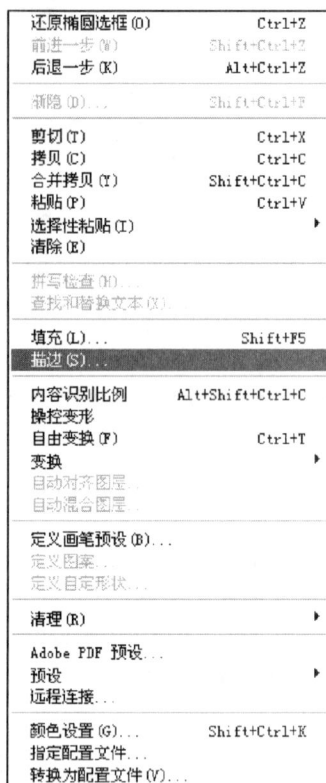

还原椭圆选框 (O)	Ctrl+Z
前进一步 (W)	Shift+Ctrl+Z
后退一步 (K)	Alt+Ctrl+Z
渐隐 (D)...	Shift+Ctrl+F
剪切 (T)	Ctrl+X
拷贝 (C)	Ctrl+C
合并拷贝 (Y)	Shift+Ctrl+C
粘贴 (P)	Ctrl+V
选择性粘贴 (I)	▶
清除 (E)	
拼写检查 (H)	
查找和替换文本 (X)	
填充 (L)...	Shift+F5
描边 (S)...	
内容识别比例	Alt+Shift+Ctrl+C
操控变形	
自由变换 (F)	Ctrl+T
变换	▶
自动对齐图层	
自动混合图层	
定义画笔预设 (B)...	
定义图案...	
定义自定形状...	
清理 (R)	▶
Adobe PDF 预设...	
预设	▶
远程连接...	
颜色设置 (G)...	Shift+Ctrl+K
指定配置文件...	
转换为配置文件 (V)...	

图 2-3-1-21　执行"描边"命令

05 复制"图层2"，将椭圆复制粘贴两次后按 *Ctrl* + *T* 组合键（自由变形），将椭圆变形后重新摆放，放置位置如图 2-3-1-22 所示。

图 2-3-1-22　复制椭圆后重新摆放

06 打开宝宝的照片，使用选区工具选择照片复制并粘贴到制作的模板文件中，如图 2-3-1-23 所示。

07 单击"快速蒙版"按钮，进入快速蒙版编辑模式，用黑色画笔工具涂抹人物以外的部分，超出涂抹的部分可以用白色画笔进行涂抹恢复，如图 2-3-1-24 所示。

图 2-3-1-23　粘贴到模板中

图 2-3-1-24　黑色画笔涂抹后效果图

08 当涂抹完成后，以标准模式进行编辑，自动形成选区，如图 2-3-1-25 所示。选择"选择"＞"反向"选项后按 *Delete* 键将人物以外的背景删除。

图 2-3-1-25　标准模式形成选区

09 将人物图层调整到椭圆图层的下方，再将不透明度降低到 40%，如图 2-3-1-26 所示。

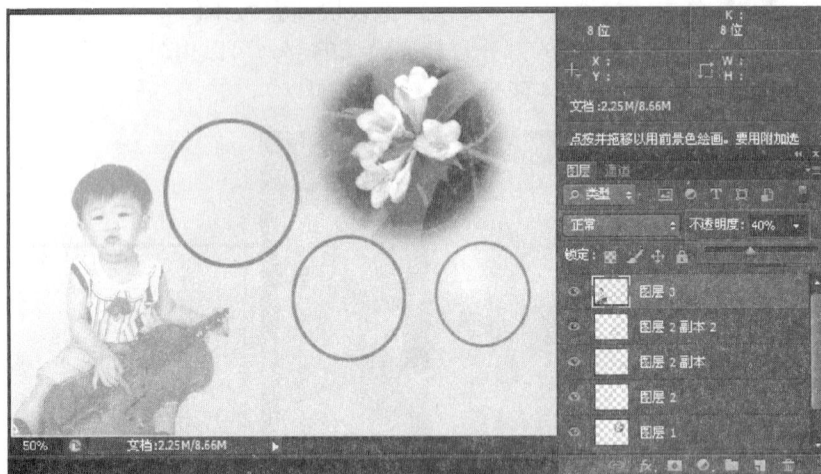

图 2-3-1-26 降低不透明度

10 打开音乐符号图案，如图 2-3-1-27 所示，使用背景橡皮擦工具将白色背景去掉；使用选区工具将音乐符号图案选中后再拖动到文件中，如图 2-3-1-28 所示。按住 *Ctrl* 键，在"图层"面板中选择音乐符号所在的图层，再选择"编辑">"填充"选项，用绿色进行填充，如图 2-3-1-29 所示，再添加"投影"图层样式，如图 2-3-1-30 所示。

图 2-3-1-27 音乐符号图案

图 2-3-1-28 拖入音乐符号图案

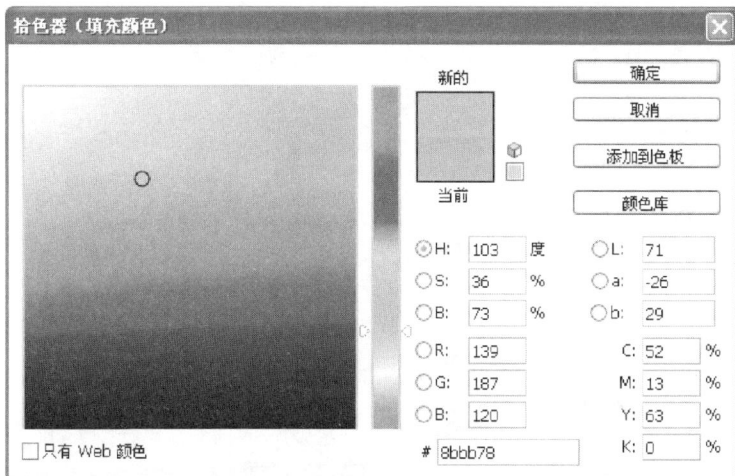

图 2-3-1-29 填充绿色

图 2-3-1-30 添加"投影"图层样式

11 在工具箱中选择文字工具，其选项栏如图 2-3-1-31 所示，选择比较可爱的字体，输入"小小音乐家"等标题文字，单击"创建文字变形"按钮，设置变形文字的"样式"为"旗帜"，如图 2-3-1-32 所示。

图 2-3-1-31 文字工具选项栏

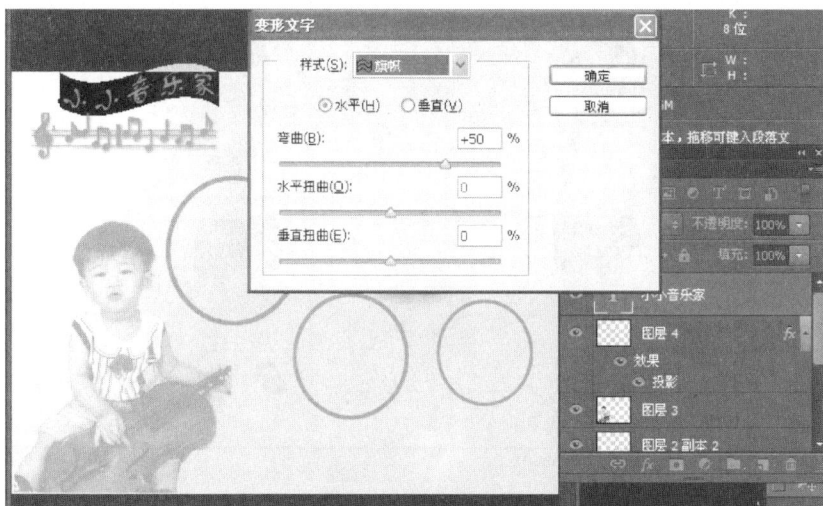

图 2-3-1-32 设置变形文字的样式

12 复制照片并粘贴到三个空圆内，还可以为图层添加"外发光"图层样式，最后用白色画笔添加少许简单的涂鸦。最终效果如图 2-3-1-33 所示，将文件存储到指定文件夹。

图 2-3-1-33　最后效果图

课后拓展

1) 从网络上下载一个适合的模板,为下面的儿童照片排版。

2）为下面的婴儿照片制作模板并排版。

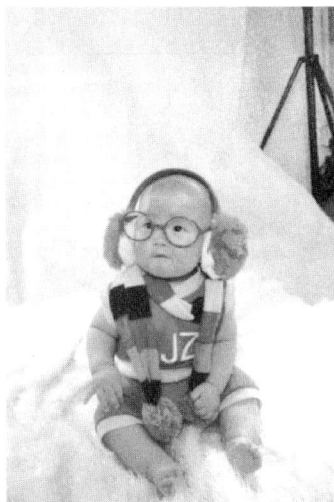

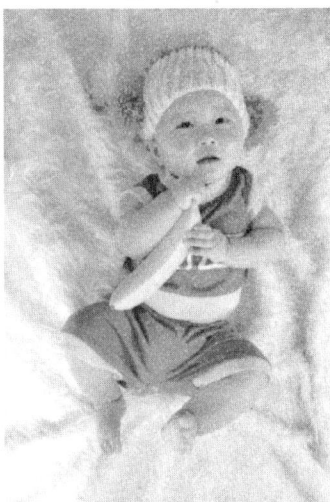

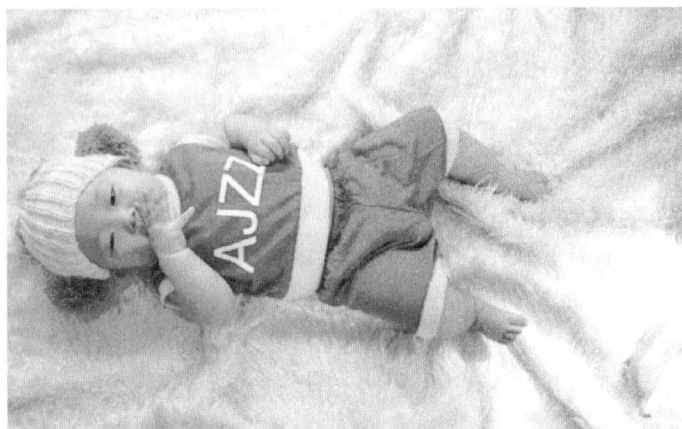

实例2.3.2 个人艺术照的制作

大家学习了"网页制作"这门课程后，都拥有了自己的个人网站，有些人想上传自己的照片，但是都觉得自己的生活照比较普通，去影楼拍摄艺术照又花费较多，于是部分人咨询老师可不可以帮他们把照片处理得更漂亮、更完美，就像影楼拍摄的写真一样。

实例要求：

1）保留照片源文件。

2）根据照片的风格进行设计和制作艺术照。

3）照片的处理和设计风格要符合人物的喜好。

■ 实例分析

1．艺术照

艺术照最早起源于欧洲。摄影师发现，通过改变角度、光线、表情、衣服、背景等手法，能够充分表现人的内涵与特点，掩盖不足之处，使拍摄的照片有一定的美化效果。

拍摄时尚艺术照可以采取自己拍摄和在影楼拍摄两种方式，自己拍摄时不需要复杂、奢华的场景，但是一定要学习一些摄影技术和掌握对光、色彩的控制，拍摄完成后再用软件处理出想要的效果。本实例是在某些学生拍摄好有一定艺术氛围的照片后，我们来对这些照片进行美化，使其满意。

在影楼中，通过化妆以光鲜的造型色彩配合个性的光影效果，会拍摄出不同风格的艺术照。一般在影楼拍摄会选择几个艺术照套系，不同的套系，服装造型可以不同，风格也可以不同。风格一般根据自己的情况而定，根据造型和发型，艺术照风格可以分为清纯型、梦幻型、活泼型、性感型、前卫型、另类型等。

2．实例的制作过程

1）拍摄艺术照。

2）照片后期处理。

3）根据不同风格进行排版入册。

■ 实例具体制作

1. 收集素材

自己在家用摄影器材或者选择外景拍摄一些个性照片，本实例就是将自行拍摄的普通生活照处理为艺术照，如图 2-3-2-1 所示。

图 2-3-2-1　普通生活照

到影楼选择几个喜欢的艺术照风格进行化妆、造型后，在摄影师的指导下到影室布景拍摄，也可以选择外景拍摄；影楼拍摄的照片前期布景和造型已经很好，摄影师的构图及把握光和色彩的能力更强，后期处理的内容与婚纱摄影相似，下一实例将进行单独讲解。

2. 知识准备

艺术照后期处理的基本步骤如下。

(1) 人像调色

人像调色的基本原则和设计原则一样，画面主要颜色最好不超过三种，颜色在小范围内有明暗过渡，画面整体也要过渡合理。最好不要破坏原片的色彩系列，即是对其进行雕琢而不是进行改变。调色的工具和方法主要有色彩平衡、色相饱和度、可选颜色、渐变映射、基于 Lab 颜色的应用图像、通道复制合并等，前面已经讲解过一些方法，其他方法可以查阅相关资料进行自学。

（2）人物磨皮

磨皮的目的是让人物皮肤光滑细腻，但是磨皮不能过于严重，否则会使人物的皮肤轮廓不清晰，看起来不真实。磨皮的方法有高斯模糊滤镜磨皮法、通道计算磨皮法、磨皮插件磨皮法。

（3）处理背景

处理背景的目的是突出人物，经常使用模糊滤镜将背景淡化。

（4）添加文字

有些艺术照可以添加一些符合该照片的艺术字，更能体现艺术氛围。

3．实例制作的操作步骤

个人艺术照的制作
——操作步骤及使用的命令、工具

01 打开图片，复制图层，如图 2-3-2-2 所示，可以看到图片的光、色都不理想，先对其进行调色和磨皮。

02 选择"图像">"调整">"色阶"选项，弹出"色阶"对话框，调整整体亮度，如图 2-3-2-3 所示。

图 2-3-2-2　打开图片并复制图层

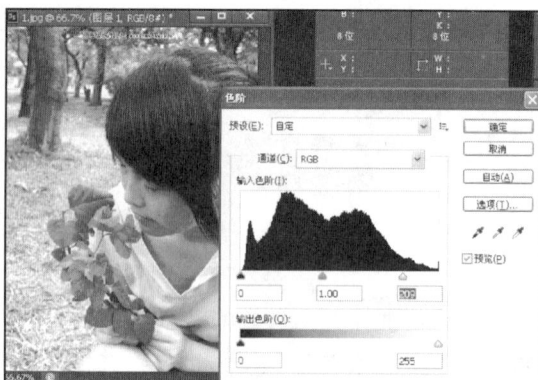

图 2-3-2-3　调整整体亮度

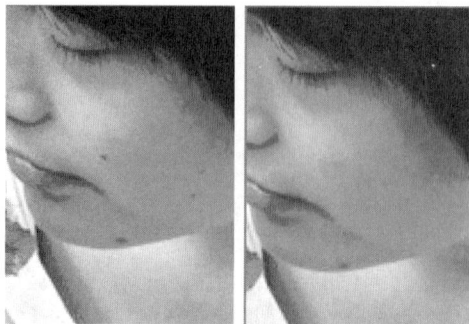

图 2-3-2-4　去掉脸部的痣

03 用放大镜将图像放大（按 **Ctrl** + **+** 组合键），使用修复画笔工具将脸部的痣去掉，如图 2-3-2-4 所示。

04 运用 Kodak 插件的磨皮滤镜进行磨皮，如图 2-3-2-5 所示。

图 2-3-2-5 磨皮滤镜磨皮

05 此时脸部光线依然比较暗，要进行单独调整；使用多边形套索工具选择脸部区域，设置"羽化半径"为"5"像素，如图 2-3-2-6 所示。

06 羽化选区后执行"曲线"命令，提升面部光亮，如图 2-3-2-7 所示。

图 2-3-2-6 "羽化半径"设置为"5"像素　　　图 2-3-2-7 提升面部光亮

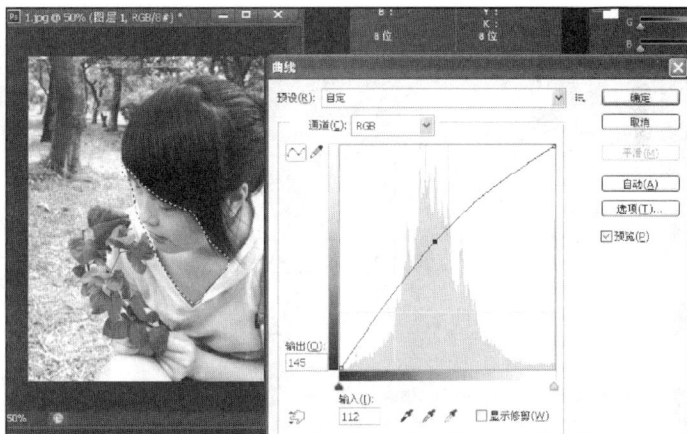

07 执行"色彩平衡"命令调整图片的色彩，让人物的皮肤更白皙，如图 2-3-2-8 所示。

08 处理背景，将背景进行模糊后才能突出人的效果；复制并设置蒙版可把人物显现出来，如图 2-3-2-9 所示。

09 单独对背景进行处理。对图层进行全选（按 Ctrl + A 组合键），在"通道"面板中复制"红"通道（按 Ctrl + C 组合键），并将其粘贴（按 Ctrl + V 组合键）到"蓝"通道中，如图 2-3-2-10 所示。

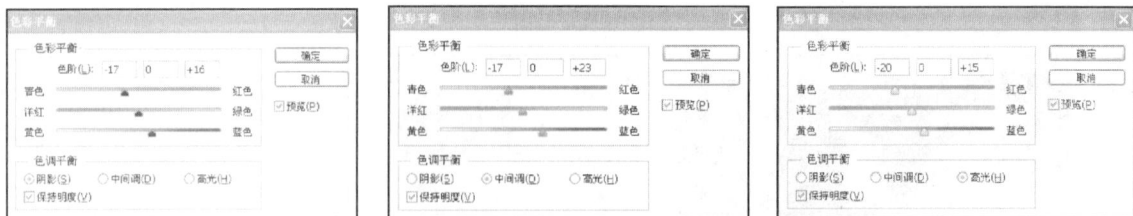

图 2-3-2-8　调整图片色彩

图 2-3-2-9　处理背景

图 2-3-2-10　复制"红"通道并将其粘贴到"蓝"通道中

10 返回"图层"面板，观察改变后的背景色调。复制新图层，如图 2-3-2-11 所示，把新图层高斯模糊的"半径"值设置为"20"，如图 2-3-2-12 所示。

11 把图层混合模式设置为"变暗"，将背景的效果显现出来，如图 2-3-2-13 所示。

图 2-3-2-11　复制新图层

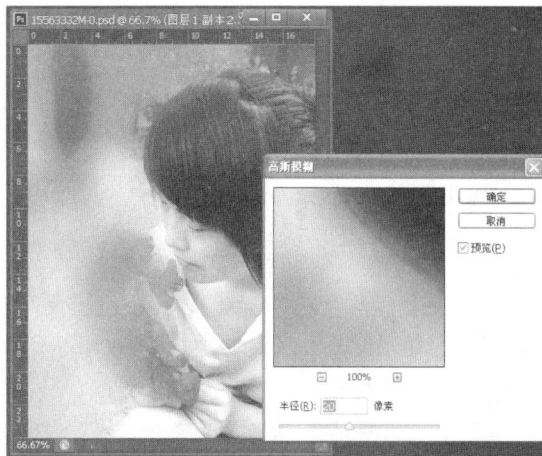

图 2-3-2-12　设置高斯模糊的"半径"值

图 2-3-2-13　混合模式改为"变暗"后的效果图

12 选择"图层1"，使用钢笔工具抠取头发部分，并将其复制并粘贴到新的图层，置于图层最上方，如图 2-3-2-14 所示。

13 使用涂抹工具进行涂抹，使头发变得柔细，如图 2-3-2-15 所示。

14 在网络上下载一些笔刷样式，并保存到指定文件夹。

(a)

图 2-3-2-14　抠取头发部分

(b)

(c)

图 2-3-2-14　抠取头发部分（续）

图 2-3-2-15　使用涂抹工具进行涂抹

15 将下载的笔刷载入到 Photoshop 中，在工具箱中选择笔刷工具，单击属性栏中的下拉按钮可以找到所有画笔样式，如图 2-3-2-16 所示，也可以载入网络上下载的笔刷，如图 2-3-2-17 所示。

16 新建一个空白图层，选择下载的"星星"样式，如图 2-3-2-18 所示。

17 调整好"星星"的大小、形状动态、散布等参数，如图 2-3-2-19 所示。

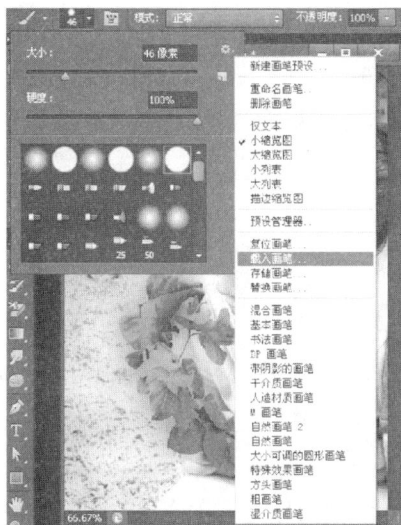

图 2-3-2-16　所有画笔样式

图 2-3-2-17　载入下载的笔刷

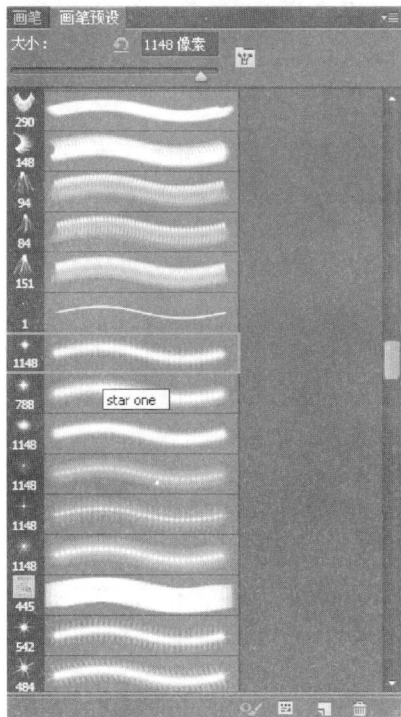

star one

图 2-3-2-18　选择"星星"样式

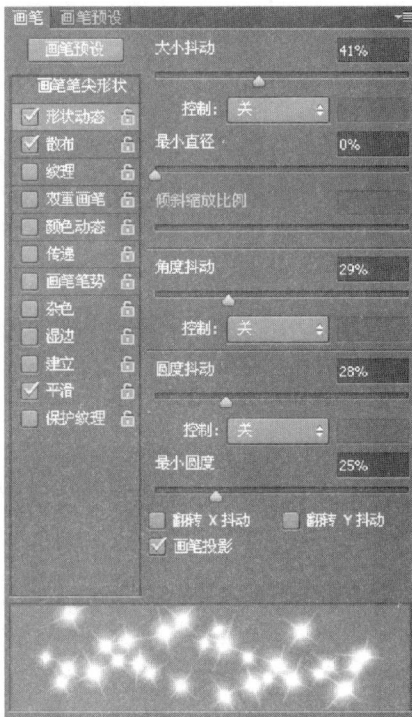

图 2-3-2-19　参数设置

18 用调整好的"星星"画笔在叶子上绘制"星星"，如图 2-3-2-20 所示。

19 为了让人物看起来更漂亮，用同样的方法下载一些睫毛笔刷载入到软件中，再为图片人物加长睫毛。选择睫毛笔刷（图 2-3-2-21），新建一个空白图层，用黑色睫毛笔刷绘制睫毛，然后调整睫毛的大小、方向、位置，添加睫毛后的效果如图 2-3-2-22 所示。

图 2-3-2-20 在叶子上绘制"星星"

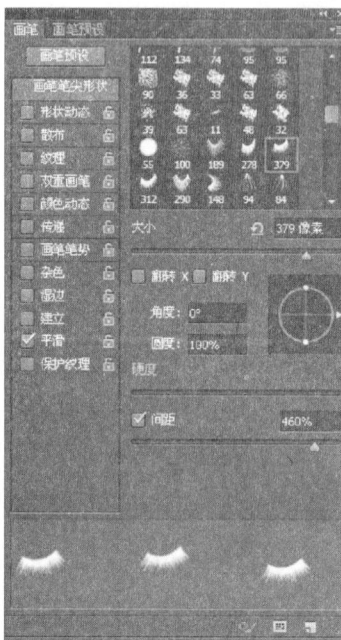

图 2-3-2-21 选择睫毛笔刷

图 2-3-2-22 添加睫毛后的效果图

20 添加眼影。新建一个图层，将前景色设置为粉红色（图 2-3-2-23），用画笔在眼睑上涂抹（图 2-3-2-24），再执行"高斯模糊"命令（图 2-3-2-25），将图层混合模式设置为"颜色加深"（图 2-3-2-26）。

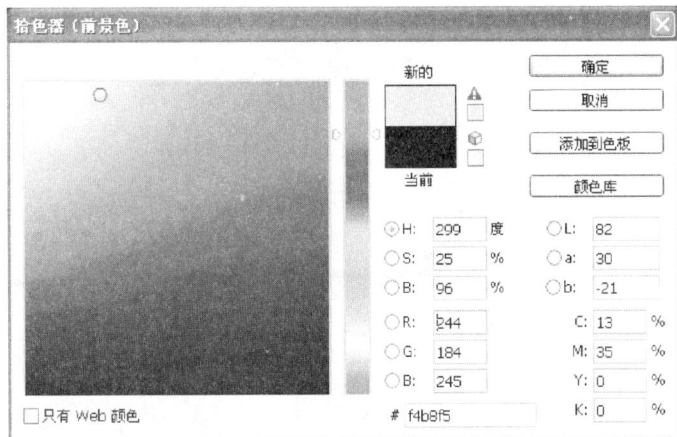

图 2-3-2-23　设置前景色

图 2-3-2-24　绘制眼影

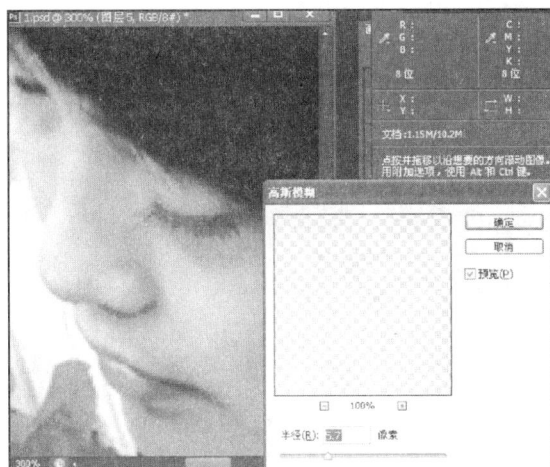

图 2-3-2-25　执行"高斯模糊"命令

图 2-3-2-26　设置图层混合模式为"颜色加深"

21 用同样的方法添加腮红，如图 2-3-2-27 所示。

22 用直排文字工具输入"静静地"三个字，如图 2-3-1-28 所示，并设置好字体和颜色、大小，添加"描边"图层样式，如图 2-3-1-29 所示。

23 用横排文字蒙版工具（图 2-3-2-30）新建一个空白图层，输入"绽放"并设置好字体、大小。

24 形成文字选区后，使用渐变工具设置填充颜色，如图 2-3-2-31 所示，从左到右拖出文字的色彩，如图 2-3-2-32 所示。

图 2-3-2-27 添加腮红

图 2-3-2-28 输入"静静地"三个字

图 2-3-2-29 添加"描边"图层样式

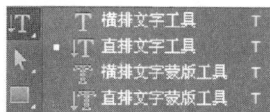

图 2-3-2-30 横排文字工具

图 2-3-2-31 设置填充颜色

图 2-3-2-32 拖动出文字色彩

25 对文字添加"描边"图层样式，最终效果如图 2-3-2-33 所示。保存文件为 JPEG 格式并存储到指定文件夹。

图 2-3-2-33 最终效果图

小知识

(1) 画笔工具

在工具箱中选择画笔工具，使用前景色绘画，在画布上拖动就可以绘制出边缘柔和的线条。配合 Shift 键可绘制直线，如果此时在画布的不同位置单击则可绘出连续的折线，如图 2-3-2-34 所示。

单击画笔预设右侧的下拉按钮，可打开"画笔预设"面板，如图 2-3-2-35 所示，在其中可以设置画笔的大小、硬度和基本形态。

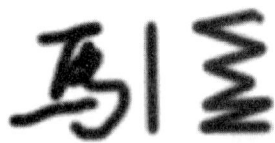

图 2-3-2-34 绘出连续的折线

图 2-3-2-35 "画笔预设"面板

1）大小：通过拖动滑块或直接在文本框中输入数值来确定画笔的大小。

2）硬度：设置画笔边缘的柔化程度，数值越高，画笔边缘越清晰。

调用 Photoshop 提供的其他画笔预设：

在快捷菜单中直接选择所需的画笔预设名称即可。Photoshop CS6 提供了 15 组画笔预设，如图 2-3-2-36 所示，可以制作出不同的图案效果。

载入用户由其他途径获得的画笔预设：执行"载入画笔"命令后，弹出"载入"对话框，在其中选择画笔文件，单击"载入"按钮，新增的一组画笔将放置在"预设管理器"对话框中，如图 2-3-2-37 所示。

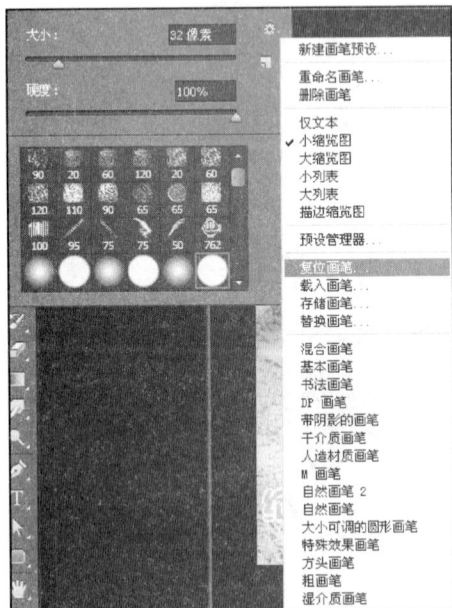

图 2-3-2-36 画笔预设

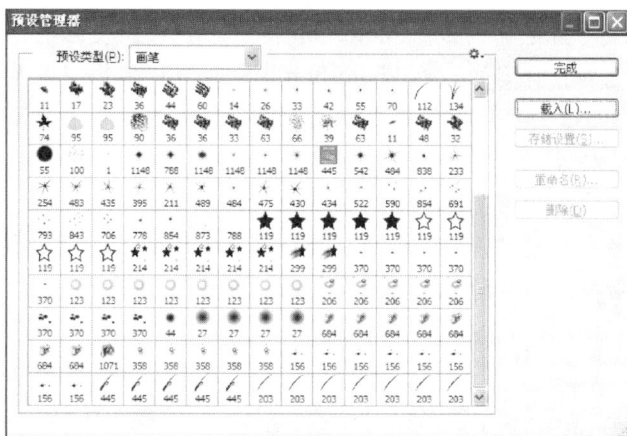

图 2-3-2-37 "预设管理器"对话框

1）新建画笔。选择一个画笔（可以是自己绘画的图形，也可以使用图案自定义画笔）后，修改该画笔的主直径和硬度，然后选择"编辑">"定义画笔预设"选项，如图 2-3-2-38 所示，弹出"画笔名称"对话框，如图 2-3-2-39 所示，输入画笔名称，确定后即可将修改好的画笔创建为一个新画笔，并放置在画笔预设窗格中，如图 2-3-2-40 所示。

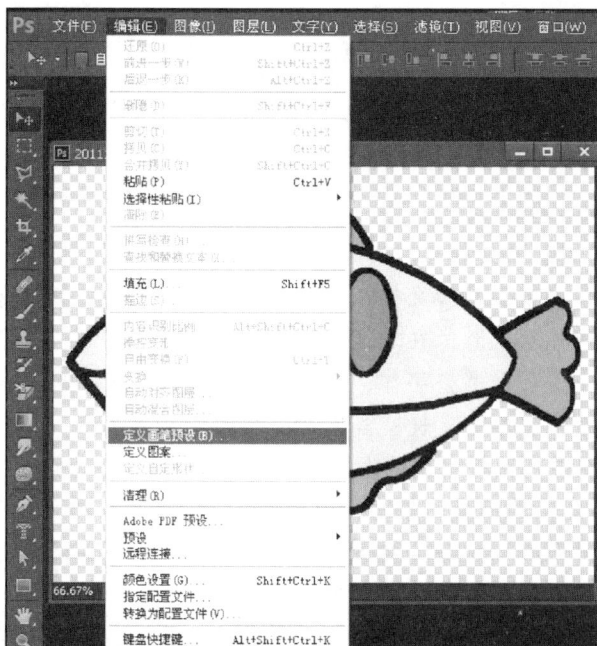

图 2-3-2-38 执行"定义画笔预设"命令

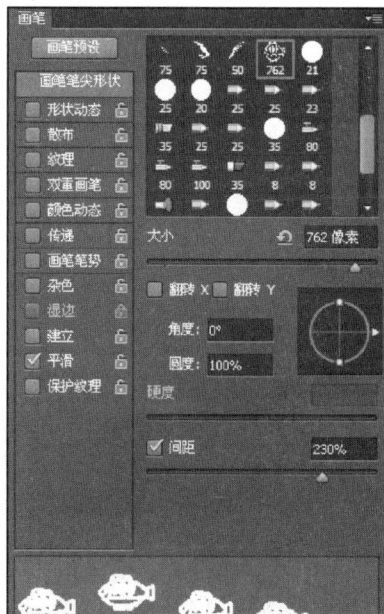

图 2-3-2-40 创建新画笔

图 2-3-2-39 "画笔名称"对话框

图 2-3-2-41 "画笔"调板

2)"画笔"调板。Photoshop 提供了各种预设画笔，以满足广泛的设计需求。在 Photoshop 中，也可以使用"画笔"调板（图 2-3-2-41）来创建自定义画笔。选择的画笔决定了描边效果的特性。

按快捷键 **B** 可以激活画笔工具，以设置画笔的大小、硬度、颜色，在"画笔"调板中选择画笔的样式、间距、形状动态、散布、颜色动态等绘出风景图，如 2-3-2-42 所示。

图 2-3-2-42 绘出的风景图

（2）文字工具

1）文字工具种类。其包括横排文字工具、直排文字工具、横排文字蒙版工具、直排文字蒙版工具。当从前两种文字工具中选任一种录入时，在快速工具栏中单击切换按钮可以更改文字方向，还可以调整字体、字号、段落版式、文字颜色等，文字录入完毕后单击"提交当前所有编辑"按钮提交完成，此时会在"图层"面板中自动生成一个文字图层。

2）文字的设置。单击快速工具选项栏中的"显示/隐藏字符和段落调板"按钮，打开浮动面板，如图 2-3-2-43 所示，在该面板中添加了字间距、行间距、水平缩放、垂直缩放、设置基线偏移、粗体、斜体等功能，可以更好地完成文字调整，使之效果更佳。

用文字工具录入文字时，在画布中框选出一个范围，此范围形成的区域就是文本框。它可以使文字自动换行并能使排版很规律，但是文字较多时容易隐藏，造成内容的不完整。当文

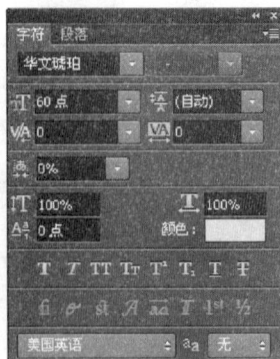

图 2-3-2-43 浮动面板

本框的右下角出现小"十"字符号时，表示有文字被隐藏，需要调整文本框的大小。

"段落"面板中的多数选项只适用于段落模式下输入的文字。面板中的图标用于控制段落的对齐方式。如图 2-3-2-44 所示，前三个按钮分别是左对齐、居中和右对齐，后四个按钮用于调整文字的位置，可以将段落的最后一行设置为左对齐、右对齐形式，也可以对所有的行进行调整。

3）文字的变形。文字变形有两种方式。"图层"面板中的文字简单变形后在图层中不显示，但是添加了变形文字后会显示特定的图层图标。

简单的变形：选择"编辑"＞"变换"或"自由变换"选项，可以对文字进行缩放、旋转、斜切、水平翻转、垂直翻转等变换。这种方式在文本图层和图像图层中都可以使用。

创建变形文字：在快速工具栏中，单击"创建文字变形"按钮，可设置文字的变形。该方式只针对文字图层，可以对文字进行扇形、下弧、上弧、拱形、凸起、贝壳、花冠、旗帜、波浪、鱼形、增加、鱼眼、膨胀、挤压、扭转等多种形状的变形，如图 2-3-2-45 所示。

单击"图层"面板中的"添加图层样式"按钮，弹出"图层样式"对话框，可改变文字的单一模式，如添加投影、浮雕、描边等效果，如图 2-3-2-46 所示。

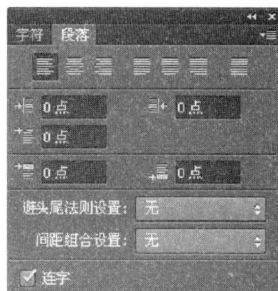

图 2-3-2-44 "段落"面板

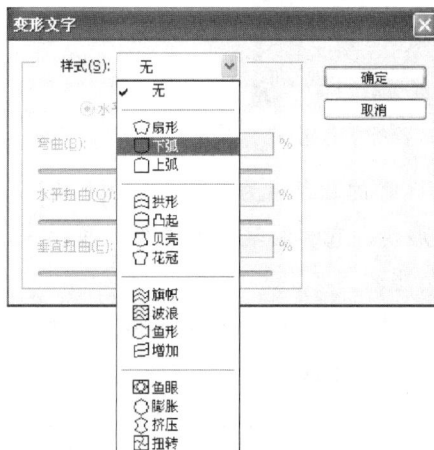

图 2-3-2-45 创建文字变形

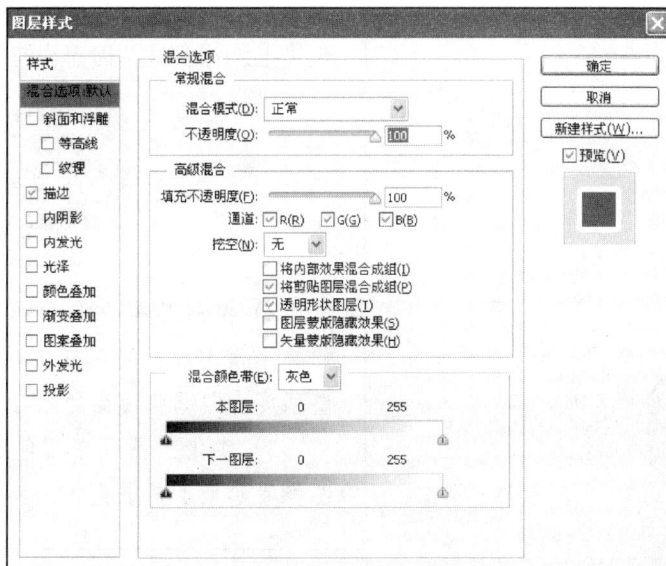

图 2-3-2-46 "图层样式"对话框

4）栅格化文字。文字栅格化是将文本格式的图层转变为普通图层，即位图文件，在 Photoshop 中很多滤镜功能都是针对位图进行的。我们可以对任意的图层添加滤镜效果，但不能对文字图层添加滤镜效果。若要把文字变为图层，则应右击文字层，弹出快捷菜单，选择"栅格化文字"选项，栅格化后文字就不能修改。所以在进行文字的栅格化前，必须将文字调整好。

5）文字蒙版工具。选择文字工具中的蒙版选项，单击屏幕图片，图层中将产生一个红色透明的蒙版区域（即选区）。在该区域中可以通过单击或拖动的方式来移动文字。

当蒙版显示在屏幕上时，可以对其进行填充（颜色和图案），也可以利用变形工具进行缩放或变形。使用蒙版生成文字之后，可以将其复制并粘贴到另一文件中或粘贴到另一图层中。如果撤销对文字的选区，它会和当前工作层进行合成，所以一般要先新建一个图层后再执行撤销命令。

（3）涂抹工具组

1）"涂抹"工具（图 2-3-2-47）的使用就是在图像上拖动颜色，使颜色在图像上产生位移，达到涂抹的效果。其选项和前两个工具相同，但多了一个手指绘画，其作用是在一个空的图层上，根据其他图层的颜色产生涂抹的效果。调整其强度，产生的效果也不一样，也有强弱之分。涂抹工具组可以产生由移动起始点颜色延伸的涂抹效果，如同作画时利用画笔在还未干净的颜色块上涂抹擦拭，因而会有混色出现。

图 2-3-2-47 涂抹工具组

2）模糊工具可将颜色值相接近的颜色融为一体，使颜色看起来平滑柔和，可改变工具的形状。它和画笔工具相似，可调整强度，即调整模糊的融合度的强烈。

3）锐化工具可在颜色接近的区域内增加 RGB 像素值，使图像看起来不是很柔和，其选项和模糊工具相同。

课后拓展

1）同学之间相互拍摄外景照片并将其制作成艺术照。

2）将下面两张普通生活照制作成艺术照。

实例2.3.3 婚纱艺术照的制作

金夫人婚纱摄影拍摄了一批艺术照，部分照片需进行修片（调色、磨皮等），并尝试将照片设计成册。

实例要求：

1）保留照片源文件。

2）针对各张照片的不同风格进行修片。

3）根据照片的不同风格套入模板。

■ 实例分析

1. 婚纱艺术照

婚纱照是新人结婚前所拍摄的照片，大多数情况下，新郎会穿着笔挺的西服，新娘则穿着华美的婚纱。新人结婚后多将婚纱照悬挂在墙壁上，以示幸福和甜蜜。拍摄婚纱照时，一般人都会去专业的影楼拍摄，穿上影楼提供的婚纱和礼服，由专业化妆师来化妆，由专业的摄影师拍摄，对拍摄后的照片进行编辑和设计，最终得到精美的相册。

2. 实例的制作过程

1）获取婚纱照片。

2）后期修片。

3）排版制作婚纱艺术照。

■ 实例具体制作

1. 收集素材

在婚纱影楼获取照片原片，但是要注意维护个人肖像权，不能将照片随意外流。

2. 知识准备

若想拍好婚纱照，留住那些动人美丽的时刻，就要展露新娘、新郎最真实的一面，前期的准备工作是非常重要的。

造型师尽量为新娘选择简洁、不太烦琐的婚纱，面料与垂感都要好，并且裙摆表层最好覆有一层薄纱，这样可令新娘在拍婚纱照时显得更加轻盈、柔美。

拍摄婚纱照时妆容不宜过浓，化妆师可用珠光粉强调T区和三角区的反光感以凸显皮肤质感，粉底要打的轻薄，唇部可涂抹少量唇彩。妆容重点在眉部及眼部，且要加强对眉毛、眼线和睫毛的修饰与描绘。饰品的运用则以恰当的小面积点缀为主，在保证整体风格简洁、大气的同时，也可以用一些新娘自己钟爱的小饰品点缀，以提升整体的层次感、丰富感和时尚感。

要想拍出新人的自然美，摄影师在拍摄前要做到知己知彼，多和新人进行沟通，让顾客相信你是他真挚的朋友，以便拍摄时被摄者表现出自己最真实的一面。此时，摄影师应当用心灵和光、影、声音、气氛的配合来塑造被摄者真情流露的自然美。

婚纱照的拍摄，因为在前期有专业的化妆师进行了化妆，所以人物的皮肤看起来不会很差，拍摄时摄影师也会采用专业的摄影技巧掩饰一些拍摄者的缺陷，但是如果存在化妆师和摄影师无法掩饰的缺点，或者由于天气等原因拍摄的效果不佳，就需要后期修片来处理。一般婚纱照的后期修片主要是调整照片的亮度、对比度、色彩，淡化皱纹，祛斑和痣，简单磨皮，以及使用液化工具修饰人物线条，如脸型、手臂、腰部等。

3. 实例制作的操作步骤

下面这张照片中的新娘很漂亮，但是脸上有一些痣需要处理，还要对其皮肤进行磨皮和美白，也要修饰一下牙齿，可以单独将其选取出来调整颜色，设置基本效果。

婚纱艺术照制作
——操作步骤及使用的命令、工具

01 打开图片，复制图层，用放大镜将图片放大，如图 2-3-3-1 所示。

图 2-3-3-1　婚纱艺术照

02 使用仿制图章工具（或者修复画笔工具）修复脸上比较明显的斑点，效果如图 2-3-3-2 所示。

03 再次复制图层并用如图 2-3-3-3 所示的磨皮滤镜 Portraiture

图 2-3-3-2 修复斑点效果图

图 2-3-3-3 Portraiture 磨皮滤镜

（网络上下载插件后的存储路径为 C:\Program Files\Adobe\Adobe
Photoshop CS6\Required\Plug-Ins，重新启动 Photoshop CS6 即可使用）
进行磨皮，参数与效果如图 2-3-3-4 所示。

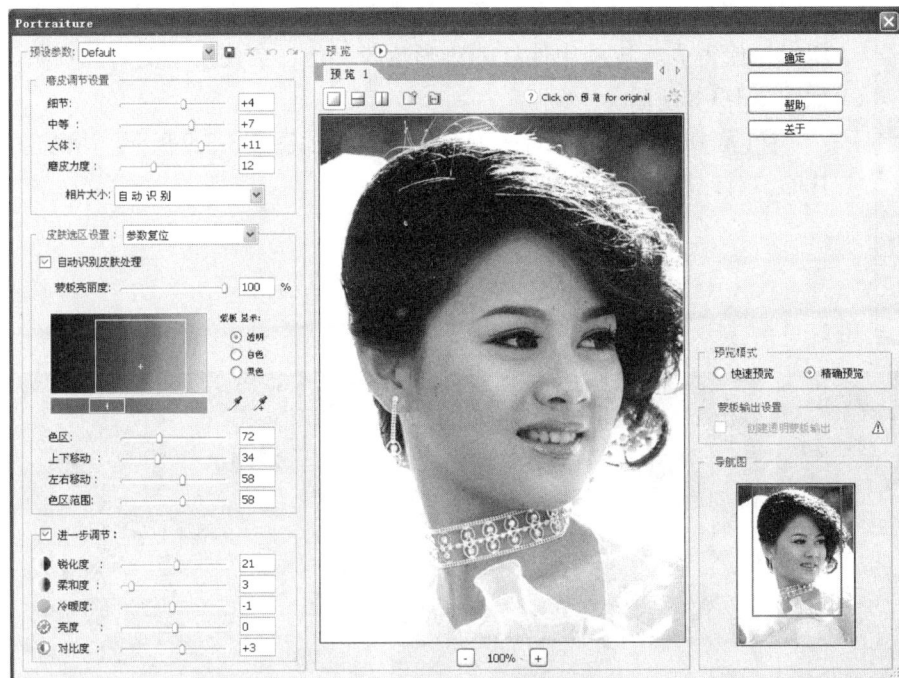

图 2-3-3-4　参数与效果图

04 新建"色相／饱和度"调整层，如图 2-3-3-5 所示，选择红色，
提高红色明度，让肤色看起来更白皙美丽。

图 2-3-3-5　"色相／饱和度"调整

05 新建"色彩平衡"调整层，如图 2-3-3-6 所示。分别调整"阴影"、"中间调"和"高光"部分的色彩，阴影部分加一点青色，中间调部分加一点绿色和蓝色，高光部分加一点蓝色，如图 2-3-3-7 所示，使得人物皮肤中偏红的色彩减淡。这样会使皮肤更自然白皙，如图 2-3-3-8 所示。

06 新建"亮度/对比度"调整层，如图 2-3-3-9 所示，增加图片的"对比度"，让图片的层次感更强。

图 2-3-3-6　新建"色彩平衡"调整层

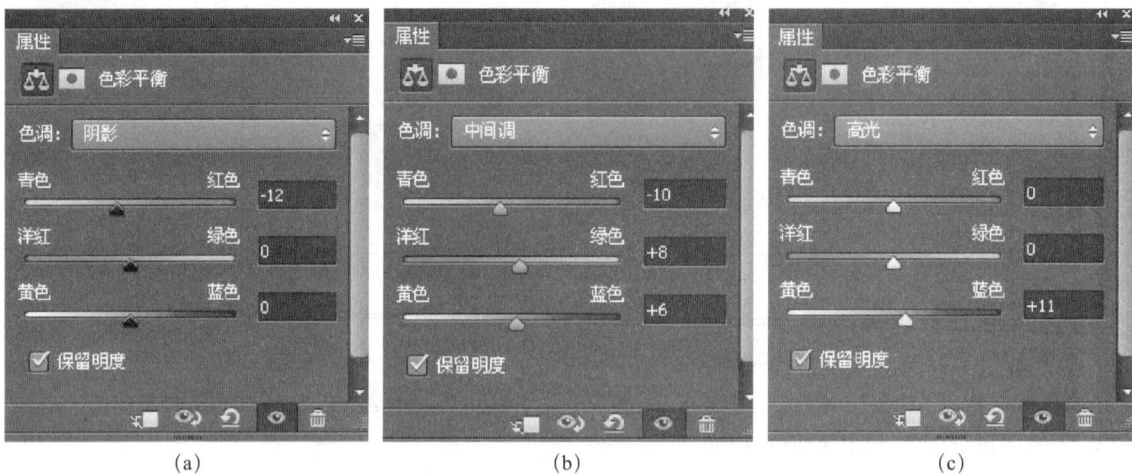

(a)

(b)

(c)

图 2-3-3-7　调整"阴影"、"中间调"、"高光"部分的色彩

图 2-3-3-8　人物皮肤更自然白皙

图 2-3-3-9　增加图片"对比度"

07 图片中人物的牙齿偏黄，需要对其进行美白处理。首先进行盖印图层（按 `Ctrl` + `Shift` + `Alt` + `E` 组合键）操作，目的是将前面的所有操作效果集中到一个图层，然后使用钢笔工具描出牙齿部分的路径，如图 2-3-3-10 所示，再按 `Ctrl` + `Enter` 组合键将路径转换为选区。

08 将选区"羽化半径"设置为"2"像素。

09 新建"曲线"图层，对牙齿色彩进行调整，参数与效果如图 2-3-3-11 所示。

图 2-3-3-10　描出牙齿部分的路径

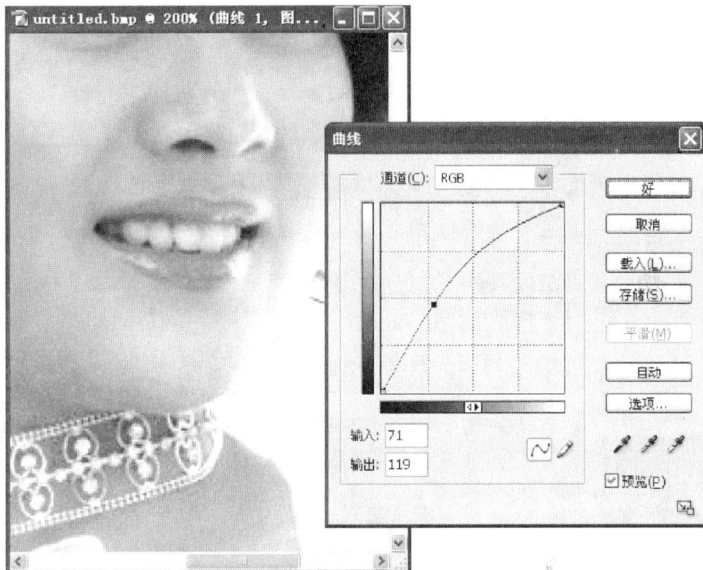

10 执行盖印图层操作，对图片进行"锐化"命令，如图 2-3-3-12 所示，让图片看起来更有层次感，如图 2-3-3-13 所示。

11 在网络上下载一个婚纱照模板（PSD 分层素材），如图 2-3-3-14 所示。

12 将已经修好的照片放入模板，图片放入框中调整好大小，并将人物抠图放入模板以降低图层透明度，最终效果如图 2-3-3-15 所示。

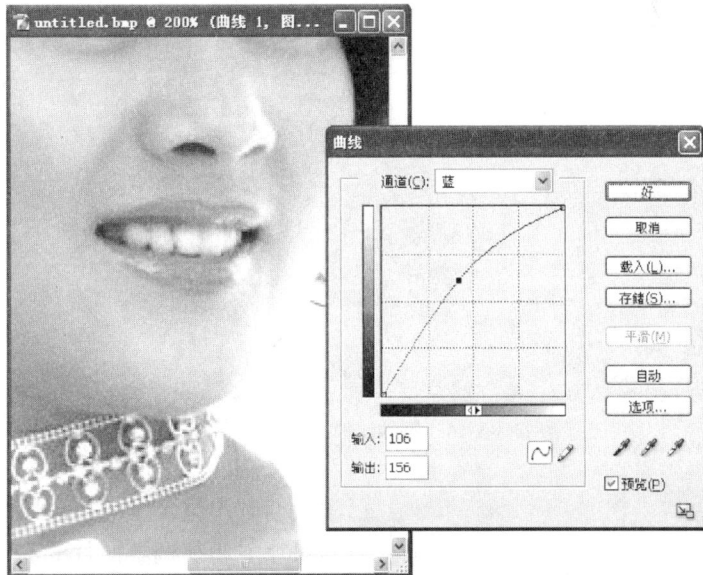

图 2-3-3-11　调整牙齿色彩

滤镜(T)	视图(V)	窗口(W)	帮助(H)

Portraiture   Ctrl+F

抽出(X)   Alt+Ctrl+X
滤镜库(G)...
液化(L)...   Shift+Ctrl+X
图案生成器(P)... Alt+Shift+Ctrl+X

像素化   ▶
扭曲   ▶
杂色   ▶
模糊   ▶
渲染   ▶
画笔描边   ▶
素描   ▶
纹理   ▶
艺术效果   ▶
视频   ▶
锐化   ▶   USM 锐化...
风格化   ▶   进一步锐化
其它   ▶   锐化
                          锐化边缘
Digimarc   ▶
Imagenomic   ▶

图 2-3-3-12   执行"锐化"命令

图 2-3-3-13   "锐化"后的效果图

图 2-3-3-14   婚纱照模板

图 2-3-3-15   最终效果图

　　影楼后期制作包含了对数码照片的设计、修整和后期产品的制作三个部分。修片主要是调整照片的亮度、对比度、色彩，淡化皱纹、黑点等；设计主要是对照片进行裁剪、拼接、加入文字、添加艺术效果等；冲印和制作则通过专业的设备来制作相册、版画等产品。

　　下面对如图 2-3-3-16 所示的婚纱照进行后期制作。

图 2-3-3-16　婚纱照

这张照片的拍摄效果较好，从构图、拍摄角度、照片中人物表情和姿势都能表现出一对新人对美好生活的向往，码头上怀旧的布景能勾起人们对浪漫爱情的回味。但是照片整体色彩比较平淡，细节不够突出，天空很灰暗，所以需要改变天空的色彩，增强照片的层次感和通透感，再添加一些能突出这张照片主题的文字。

婚纱艺术照后期制作
——操作步骤及使用的命令、工具

01 更换天空的色彩，使天空看起来有层次，表现出阳光明媚。打开天空背景图和婚纱照图，如图 2-3-3-17 所示，并将后者拖动到前者的上方，如图 2-3-3-18 所示。将"图层 1"的图层混合模式设置为"叠加"，如图 2-3-3-19 所示，这样就把天空背景的云彩叠加到了婚纱照的天空中。使用橡皮擦工具将不需要被叠加的地方擦掉，也可以添加蒙版并使用黑色画笔来擦除。添加蒙版并使用画笔擦除的优点是用黑色画笔擦错后可以用白色画笔进行恢复，如图 2-3-3-20 所示。

02 复制"图层 1"，图层混合模式改为"叠加"，调整图层的不透明度为"40%"，如图 2-3-3-21所示。这样会让天空的色彩更突出，更有层次。

图 2-3-3-17　打开素材

图 2-3-3-18　拖动图片

图 2-3-3-19　设置图层混合模式为"叠加"

图 2-3-3-20　添加蒙版并使用画笔擦除后的效果图

03 新建"图层 2",如图 2-3-3-22 所示,盖印图层(将前面所有操作所得结果集中到新的图层上),选择"图像">"模式">"Lab颜色"选项,弹出提示对话框,选择不拼合图层。创建曲线调整图层,对"明度"曲线进行调节,如图 2-3-3-23 所示,加强输入的参数(增强照片前景的细节和色彩)。

图 2-3-3-21 设置不透明度为"40%"

图 2-3-3-22 新建"图层 2"

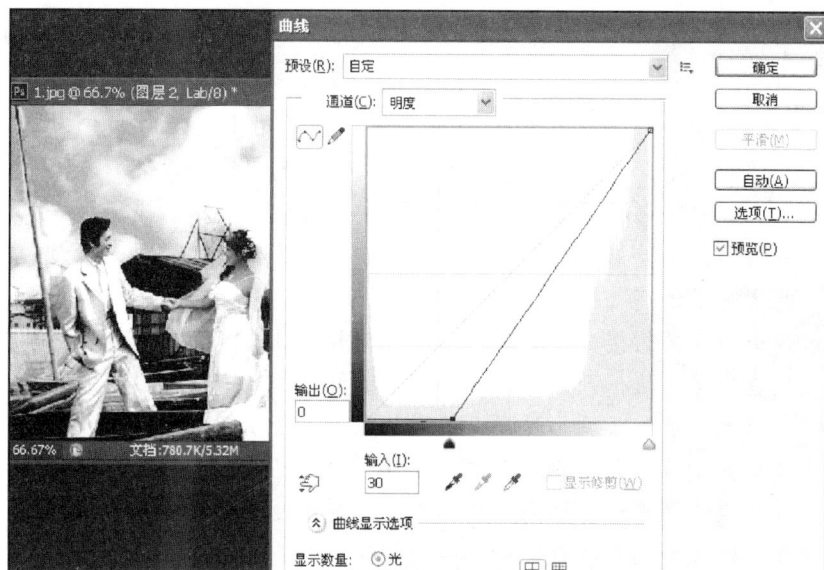

图 2-3-3-23 调节"明度"曲线

04 再执行一次盖印图层,然后选择"图像">"模式">"RGB颜色"选项,弹出提示对话框,选择不拼合图层。

05 为图片添加装饰文字,在网络上下载婚纱照后期的文字分层素材,如图 2-3-3-24 所示。

06 选择其中一种文字拖入图片,调整好大小和位置,最终效果如图 2-3-3-25 所示。

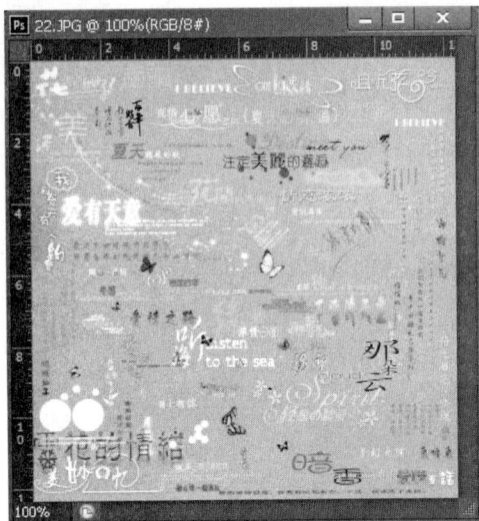

图 2-3-3-24　文字分层素材

图 2-3-3-25　添加装饰文字的最终效果图

小知识

　　虽然数码照相机已经普及，但在影楼拍摄照片的客户依然源源不断，这源于影楼摄影的技术和后期制作的效果都非常好。数码摄影技术应用于婚纱摄影，其在减少成本、提高效率的同时，也使影楼内部的工种增多，如计算机后期处理、超大幅影像制作等。影楼后期制作包含设计、修片、冲印制作等；规模较大的影楼分为调色部、修片部和设计部。如果作为实习生在影楼上班，则应该是先从调色部开始的。一般的工作内容包括调亮皮肤，调小曝光高的照片亮度，还包括建立动作、创建快捷键等。修片时使用修补工具和图章工具，把脸上的斑、痣、黑眼圈修好。如果在影楼工作，则快捷键必须记牢。如果面试时还使用工具栏，就会给招聘者不好的印象。修片比较容易，一般影楼化妆的技术很好，被摄者化妆后脸上的痘痘和斑基本就看不见了。当修片操作很熟练后就可以尝试去做后期的模板设计，多和客户进行沟通，设计出客户需求的模板。

课后拓展

　　为下面的婚纱照更换天空背景，并从网络上下载模板对婚纱照进行排版。

单元 3

广告图文的设计与制作

任务3.1

制 作 贺 卡

学习目标

- 了解贺卡的种类和不同种类贺卡的制作标准；
- 能根据要求制作不同种类的贺卡。

学习重点

- 能根据要求制作不同种类的贺卡。

—— 实例 贺卡的设计与制作 ——

某校校园网上需发布一则庆祝国庆节的公告，公告中需要制作一张国庆节贺卡，祝福所有教职员工节日快乐。

实例要求：

1）贺卡色彩要求鲜艳喜庆。

2）贺卡要用一些特定的图形和文字突出国庆节节日气氛，贺卡上署名：宜宾商职校党总支。

3）图片所占存储空间不能大于3MB。

■ 实例分析

1．贺卡

贺卡是人们在遇到喜庆的日子或事件时互相问候的一种卡片，贺卡上一般有一些祝福的话语。人们通常赠送贺卡的节日包括生日、圣诞节、元旦、春节、母亲节、父亲节、情人节等。进入网络时代后，人们为了表达祝福，更多的采用了电子贺卡的方式，既便捷又节约资源。

2．实例的制作过程

1）搜集制作贺卡的素材。

2）制作一张符合要求的贺卡。

■ 实例具体制作

1．收集素材

收集一些贺卡的模板、分层素材和节日相关的标志性素材。贺卡设计是一门创造性的专业工艺，要想提炼好的创意、设计新颖贺卡，必须做好素材收集等各种充分准备。平时我们应该重视设计素材的收集和整理，小到一个LOGO、一个元素，大到一幅矢量创意图，遇则收藏，多多益善。

2．知识准备

在制作之前先来了解Photoshop中部分工具和菜单的用法，包括渐变工具、自定义形状工具、自由变换工具、套索工具，还将介绍分层素材的利用等。

（1）渐变工具

渐变工具可以用来建立多种色彩渐变的效果，用户可以选择预设的渐变颜色，也可以利用自定义颜色来实现渐变填充。在工具箱中选择渐变工具后，其选项栏如图 3-1-1-1 所示。

图 3-1-1-1　渐变工具选项栏

选项栏中显示了几种不同的渐变方式，分别如下：

1）线性渐变：从渐变的起点到终点做直线形状的渐变。

2）径向渐变：从渐变的中心开始做放射状圆形渐变。

3）角度渐变：从渐变的中心开始到终点产生圆锥形的渐变。

4）对称渐变：从渐变的中心开始做对称式直线形状的渐变。

5）菱形渐变：从渐变的中心开始做菱形的渐变。

在选项栏中选择渐变颜色（图 3-1-1-2）可改变渐变的颜色，Photoshop 中已提供了多种渐变，在图 3-1-1-1 中勾选"反向"复选框，可使渐变的颜色以相反的方向产生；勾选"仿色"复选框，可使用递色法进行中间调色，从而使渐变效果更平缓；勾选"透明区域"复选框，可设置渐变的不透明度。

在"渐变编辑器"对话框（图 3-1-1-3）中，每单击一次下方的颜色条，就增加一个色标，其颜色即是最近使用的颜色，双击色标或在下方的颜色框中可改变色标的颜色；在颜色条上方每单击一次，就产生一个不透明性色标，其作用是改变当前不透明色标所在位置颜色的不透明度，色标和不透明性色标的位置都可以在对话框中直接输入。

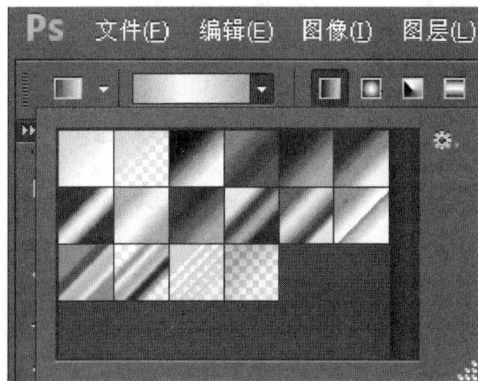

图 3-1-1-2　选择渐变颜色

图 3-1-1-3　"渐变编辑器"对话框

单击"删除"按钮可删除当前色标或不透明性色标，或者将色标拖离颜色条也可删除一个色标。在当前色标和不透明性色标的两侧各有一个控制点，拖动它可改变颜色或不透明度的过渡。单击"存储"按钮可保存设定好的渐变色，单击"载入"按钮可调用已存储的渐变色和软件中已设定好的渐变色，也可以从网络上下载所需要的渐变色并载入后使用。

（2）自定义形状工具

自定义形状工具组如图 3-1-1-4 所示，该工具组可以绘制各种图形。在其直线工具选项栏（图 3-1-1-5）中，有"形状图层"、"路径"和"填充像素"三个设置项目。"形状图层"绘制的是用前景色填充的路径。"路径"仅仅绘制路径，无颜色填充。"填充像素"绘制的是用前景色填充的图形，无路径。在使用此工具时，若同时按 **Shift** 键，就可以绘制正方形、圆形和水平直线、垂直直线、45°角直线，如图 3-1-1-6 所示。

选择自定义形状工具组中的自定形状工具，Photoshop 中预置很多自定形状，如图 3-1-1-7 所示，在下拉菜单（图 3-1-1-8）中，有预置形状的各种选项。

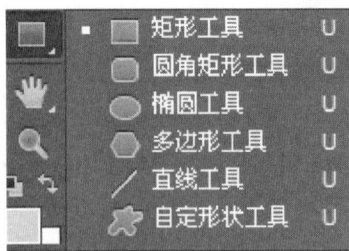

图 3-1-1-4　自定义形状工具组

图 3-1-1-5　直线工具选项栏

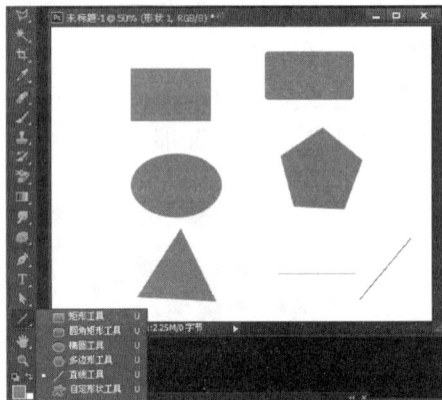

图 3-1-1-6　绘制图形

图 3-1-1-7　自定形状

图 3-1-1-8　"自定形状"下拉菜单

Photoshop 提供的自定形状是一个非常有用的功能，可以方便用户绘图。如果用户需要的图形在 Photoshop 中没有找到，还可以在网络上下载各种形状，将其载入到 Photoshop 中再使用。

（3）自由变换

在 Photoshop 中，"编辑"菜单下有"自由变换"（图 3-1-1-9）选项和"变换"子菜单，"变换"子菜单包含"缩放"、"旋转"等选项，它们的功能很强大，熟练掌握其用法会给工作带来便利。

图 3-1-1-10 所示为一幅执行"自由变换"命令后的图片。用鼠标左键按住变形框角点，图形缩放成对角不变的自由矩形，可反向拖动，形成翻转图形；用鼠标左键按住变形框边点，图形缩放成对边不变的等高或等宽的自由矩形；用鼠标在变形框外拖动，可以自由旋转图像的角度。

还可以在设置变形时分别按住 **Ctrl**、**Shift**、**Alt** 键，观察效果有什么不同。

（4）套索工具组

Photoshop 中的套索工具组为用户提供了一组较为弹性的类型选取工具，包括套索工具、多边形套索工具、磁性套索工具。

1）套索工具：在图像中以手控的方式自由选择，在图像上按住鼠标左键不放进行拖动，就可以圈出想要的范围，松开鼠标左键，系统自动以直线闭合开口部分。套索工具一般用于选取一些无规则、外形较复杂的图像，如图 3-1-1-11 所示。

2）多边形套索工具：使用多边形套索工具可以在图像中选取不规则的多边形选区。它可以选出不规则的多边形图像区域（一般用于选择较复杂的、棱角分明的、边缘呈直线形的选区），如图 3-1-1-12 所示。

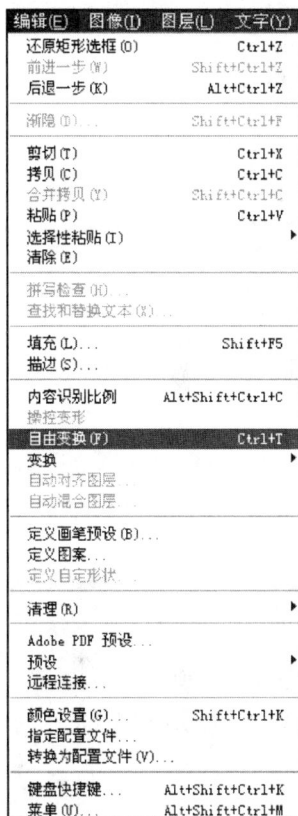

图 3-1-1-9　自由变换

图 3-1-1-10　执行"自由变换"
命令后的图形

图 3-1-1-11　套索工具选取的图像

3）磁性套索工具：该工具常用于图形与背景反差较大、形状较复杂的图像选取工作。磁性套索工具能自动捕捉复杂图形的边框，自动紧贴图像中对比最强烈的位置，就像磁铁一样具有吸附功能，如图 3-1-1-13 所示。

图 3-1-1-12　多边形套索工具选取的图像

图 3-1-1-13　磁性套索工具选取的图像

图 3-1-1-14　"图层"面板

（5）图层

图层（图 3-1-1-14）就像透明胶片，一张张按顺序叠放在一起，图层中可以加入文本、图片等，也可以对页面上的元素进行精确定位。在每个图层上进行操作，然后根据层的上下排布，该遮盖的遮盖，该露出的露出，最后就形成了我们看到的图片。当用 Photoshop 做设计时，若图层太多影响到操作，则可以通过单击图层前的"小眼睛"图标隐藏或者显示一些图层。

（6）图层样式

图层样式（图 3-1-1-15）是 Photoshop 中制作图片效果的重要手段之一，可以运用于一幅图片中除背景层以外的任意一个图层。

1）混合选项：设置的透明度、不透明度会使图层和图层样式同时发生变化；而填充只对图层发生变化，而不影响图层样式。

2）斜面和浮雕："样式"下拉列表中包括内斜面、外斜面、浮雕效果、枕状浮雕和描边浮雕。内斜面：同时多出一个高光层（在其上方）和一个投影层（在其下方）。外斜面：被赋予了外斜面样式的层也会多出两个"虚拟"的层，一个在上，一个在下，分别是高光层和阴影层。浮雕效果：添加的两个"虚拟"层都在层的上方，图层首先被赋予一个内斜面样式，形成一个突起的高台效果，然后被赋予一个外斜面样式，整个高台又陷入一个"坑"当中。描边浮雕：图层描边后所产生的浮雕效果。

3）描边：可以用单色为整幅图像进行描边。

4）内阴影：在图层上方类似多出了一个透明的黑色图层。

5）外发光：类似玻璃物体发光的效果。

6）投影：产生一个类似墙面的影子。

7）挖空："深"和"浅"若不在序列，则它们将一直穿透到背景层，没有区别。但是如果当前层是某个序列的成员，若设置为"浅"，则能看到序列下面相邻的一个图层；若设置为"深"，则将一直深入到背景层。"混合颜色带"根据图像的亮度值设置透明度。按住 **Alt** 键拖动滑块可以使亮度平稳过渡。

（7）分层素材的利用

分层素材是别人已经做好的图像，但是保存时使用了 PSD 格式，所以可以完整地保留图片制作中的各个图层的内容，当用 Photoshop 打开文件时，可以直接分析已经做好的图像的操作过程，也可以利用该作品中的某些元素。网络上各个类型的分层素材有很多，作为初学者可以多搜集、下载一些分层素材，为以后的学习存储资源。

3．实例制作的操作步骤

制作贺卡

——操作步骤及使用的命令、工具

01 启动 Photoshop，选择"文件">"新建"选项，弹出"新建"对话框，如图 3-1-1-16 所示，"名称"设置为"国庆贺卡"，宽度为"800"像素、高度为"600"像素，分辨率为 72dpi，"颜色模式"设置为"RGB 颜色"。

在工具箱中选择渐变工具，在其选项栏中选择"线性渐变"选项，如图 3-1-1-17 所示。

02 在"渐变编辑器"对话框（图 3-1-1-18）中的颜色条下方添加三个色标，分别设置三个色标的颜色为"深红"、"大红"、"深红"。

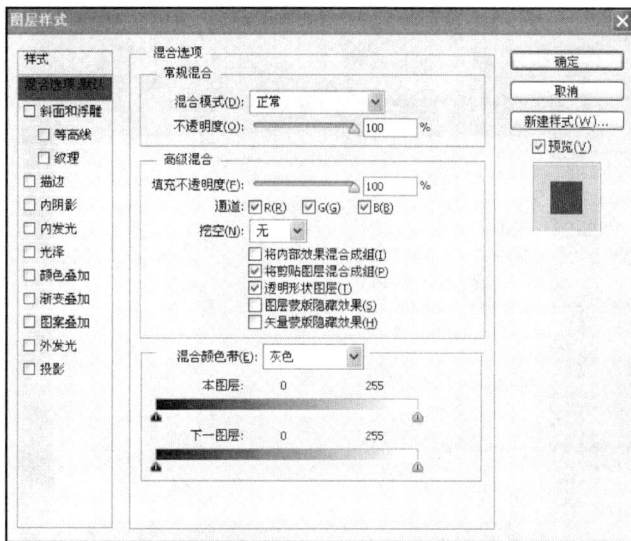

图 3-1-1-15　图层样式

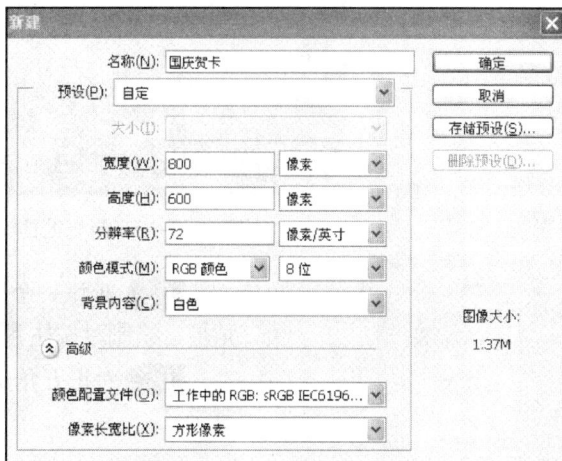

图 3-1-1-16　"新建"对话框

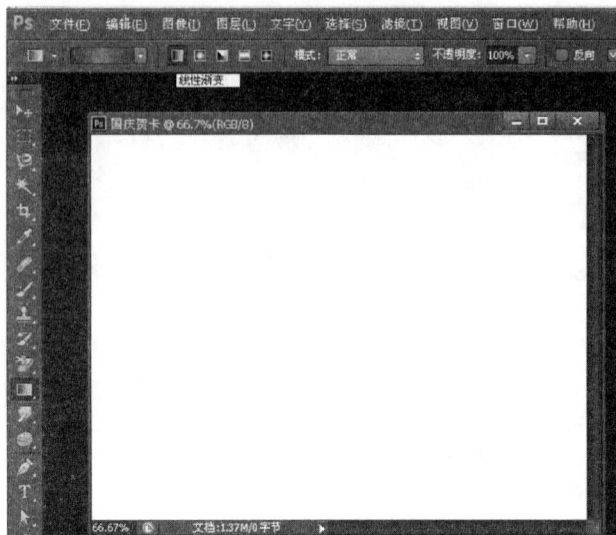

图 3-1-1-17　选择"线性渐变"选项

图 3-1-1-18　设置色标颜色

03 在新建的文档中，按住 *Shift* 键并使用渐变工具在文档中从上而下拖动出一条直线，得到如图 3-1-1-19 所示的填充颜色。

04 制作五角星的效果。在工具箱中选择自定形状工具，在其选项栏中选择"填充像素"选项，在"形状"下拉列表中找到"五角星"形状，颜色设置为白色，如图 3-1-1-20 所示。

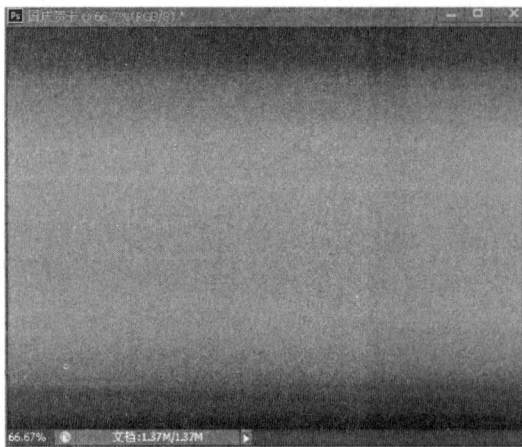

图 3-1-1-19　渐变工具填充颜色

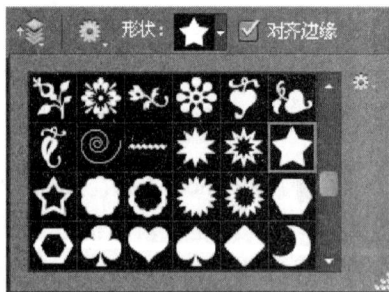

图 3-1-1-20　设置"五角星"形状为白色

05 新建一个图层，命名为"形状 1"，在该图层中绘制一个白色五角星，绘制时按住 *Shift* 键就可以绘制正五角星，如图 3-1-1-21 所示。

06 对正五角星进行自由变换操作，旋转一定的角度，如图 3-1-1-22 所示。

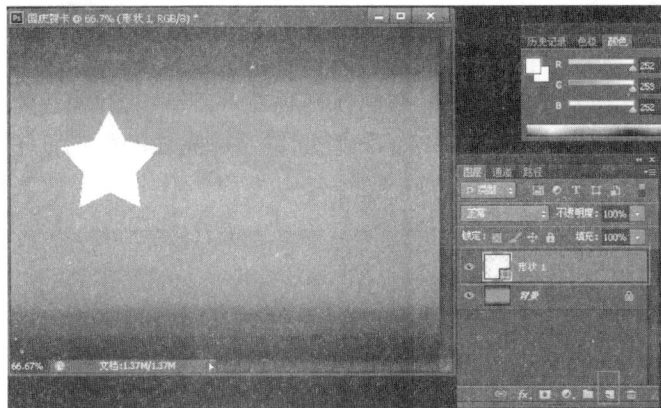

图 3-1-1-21　绘制正五角星

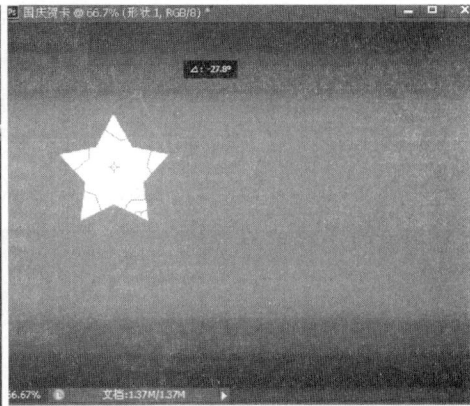

图 3-1-1-22　旋转角度效果图

07 再新建一个"图层 1"，如图 3-1-1-23 所示，将该图层拖动到"形状 1"图层的下方。

08 用多边形套索工具勾画出一个菱形选区，如图 3-1-1-24 所示。

09 把前景色设置为粉红色，如图 3-1-1-25 所示。

10 使用油漆桶工具为选区填色，得到如图 3-1-1-26 所示的效果。

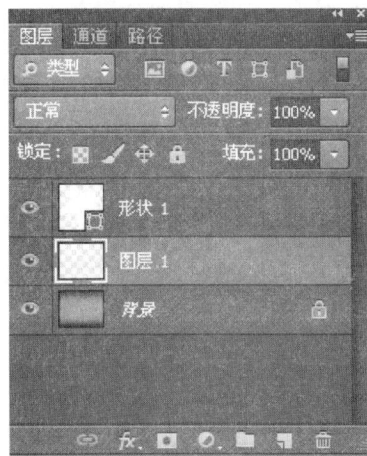

图 3-1-1-23　新建"图层 1"

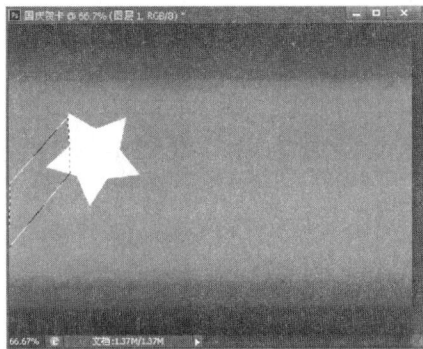

图 3-1-1-24　勾画出菱形选区

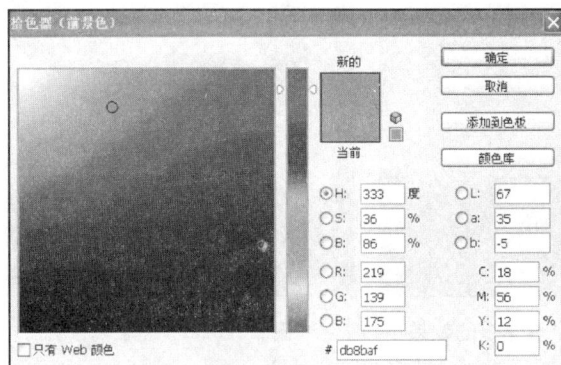

图 3-1-1-25　设置前景色为粉红色

图 3-1-1-26　为选区填色后的效果图

11 用与步骤 08 相同的方法，再分别绘制三个菱形选区。填充颜色的效果分别是，第三个区域的颜色与第一个区域的颜色相同［图 3-1-1-27（a）］，第二个区域的颜色比第一个区域的颜色稍暗［图 3-1-1-27（b）］，第四个区域的颜色比第二个区域的颜色更暗［图 3-1-1-27（c）］，通过颜色的明暗体现出立体效果。

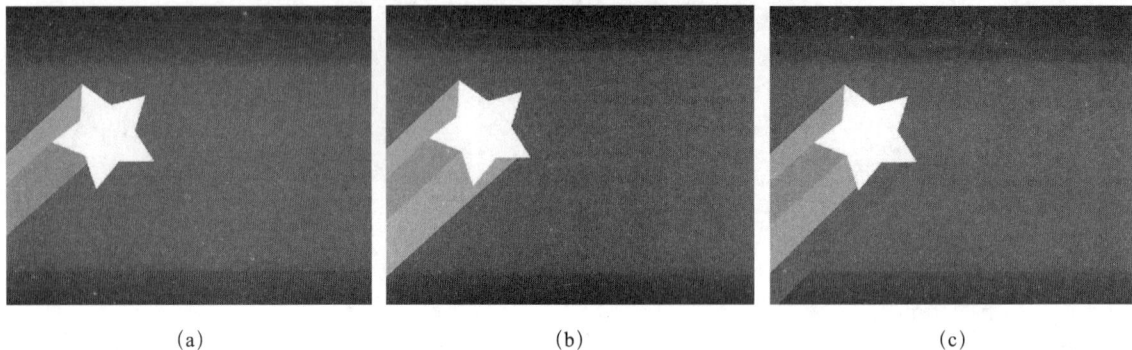

| (a) | (b) | (c) |

图 3-1-1-27　填充三个选区的颜色

12 隐藏背景图层，右击"形状 1"图层，选择"图层"＞"合并可见图层"选项，如图 3-1-1-28 所示，就可以将除背景层以外的四个图层合并为一个图层，再执行"自由变换"命令将五角星缩小。

13 利用同样的方法，再做两个五角星的效果，并改变颜色，如图 3-1-1-29 所示。

14 使用套索工具将图 3-1-1-30 中的柱子抠取出来，拖动到五角星图片的上方，如图 3-1-1-31 所示，并且自由变换图形的大小，放置在图片的右侧，如图 3-1-1-32 所示。

图 3-1-1-28　合并可见图层　　图 3-1-1-29　多个五角星的效果　　图 3-1-1-30　柱子素材

图 3-1-1-31　拖动图片

图 3-1-1-32　自由变换图形后的效果

15 打开两个分层素材，如图 3-1-1-33 所示。将其中的"欢度国庆"文字、"灯笼"、"红绸"图像等使用移动工具拖动到文件中，并且自由变换图像到合适大小，效果如图 3-1-1-34 所示。

16 添加节日祝福的文字和署名，每个文字都添加相应的文字样式、图层样式，如描边、投影、内发光、外反光等，最终效果如图 3-1-1-35 所示。

(a)

(b)

图 3-1-1-33　分层素材

图 3-1-1-34　添加文字后的效果图

图 3-1-1-35　"欢度国庆"最终效果图

小知识

当人们需要给亲人或朋友发送电子贺卡时，可以使用网络上的电子贺卡模板，还可以下载制作电子贺卡的软件制作一些个性化的电子贺卡。同时，也可以制作个性化的电子贺卡模板上传到网络上和别人分享。例如，当在网络中查询"电子贺卡"时，就会弹出如图 3-1-1-36 所示的界面，其中有很多已经制作好的贺卡模板（图 3-1-1-37）提供给用户使用。

图 3-1-1-36 网络搜索"电子贺卡"界面

图 3-1-1-37 贺卡模板

课后拓展

选择一个节日主题，为亲人、朋友、老师、同学等制作一张贺卡并发送到他（她）的电子邮箱。

制作海报

学习目标

- 了解海报的种类和制作标准；
- 能根据要求制作不同种类的海报。

学习重点

- 能根据要求制作不同种类的海报。

实例 海报的设计与制作

　　某校一年一度的艺术节即将开始报名，校学生会要求制作一张宣传海报发布在校园网上，以邀请同学们积极参加本校第二届艺术节校园歌手大赛。

　　实例要求：

　　1）海报要紧扣主题，有吸引力。

　　2）海报文字要注明报名时间和地点。

　　3）图片所占存储空间不能大于 1MB。

■ 实例分析

　　1．海报

　　海报是人们极为常见的一种招贴形式，多用于电影、戏剧、比赛、文艺演出等活动中。海报中通常要标明活动的性质、活动的主办单位、时间、地点等，要求语言简明扼要，形式新颖美观。

　　2．实例的制作过程

　　1）搜集制作海报的素材。

　　2）制作一张符合要求的海报。

■ 实例具体制作

　　1．收集素材

　　在网络上搜集一些背景、人物、音乐等相关素材。

　　2．知识准备

　　海报的设计要素如下：

　　1）充分的视觉冲击力，可以通过图像和色彩来实现。

　　2）表达的内容精炼，抓住主要诉求点。

　　3）内容不可过多。

　　4）一般以图片为主，文案为辅。

　　5）主题字体醒目。

　　海报设计与制作的注意要点如下：

　　1）海报一定要具体真实地写明活动的地点、时间及主要内容，文字可以使用鼓动性的词语，但不可夸大事实。

2）海报文字要求简洁明了，篇幅短小精悍。

3）海报的版式可以做一些艺术性的处理，以吸引人的注意。

在制作之前，先了解 Photoshop 中某些工具和选项的用法，如油漆桶工具组、橡皮擦工具、魔棒工具、选区反选、图层的复制、删除和栅格化、描边等。

（1）油漆桶工具

Photoshop 中的填充工具除了渐变工具外还有油漆桶工具。油漆桶工具是为选区或与单击处色彩相近并相连的区域填色或填充图案。

在工具箱中选择油漆桶工具后，选取一种前景色，如图 3-2-1-1 所示。

指定使用"图案"填充选区，只有选择"图案"填充选区时，其选项栏中的"图案"选项才可选。"图案"中存有可供选择填充的自定义图案，如图 3-2-1-2 所示。

图 3-2-1-1　选取前景色　　　　图 3-2-1-2　使用"图案"填充选区

（2）橡皮擦工具组

橡皮擦工具组如图 3-2-1-3 所示。

图 3-2-1-3　橡皮擦工具组

1）橡皮擦工具。该工具可以擦除画面上的某一部分，被擦除的部分显示背景色。在工具箱中选择橡皮擦工具后，在其属性栏（图 3-2-1-4）中可以调整画笔的大小、不透明度和流量等，也可以根据实际操作情况进行设置，调整后的效果如图 3-2-1-5 所示。

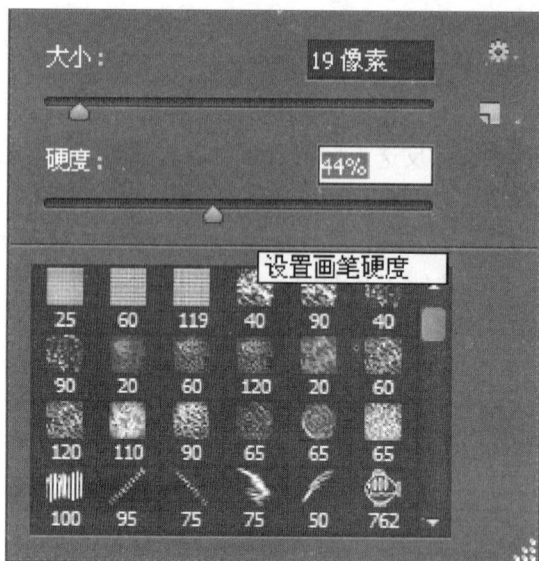

图 3-2-1-4　调整画笔

图 3-2-1-5　画笔调整后的效果图

有时抠图后，边缘会留有白边，使用橡皮擦工具可以将白边擦去，如图 3-2-1-6 所示。擦除时，图片要尽量放大，橡皮擦要选得很小，一点一点擦除，这非常考验耐心。

2）背景橡皮擦工具。该工具可以使背景变为透明。直接用背景橡皮擦工具在图片上涂抹，就可以显示背景透明的效果，如图 3-2-1-7 所示。在 Photoshop 中，透明底色显示为灰白相间的格子。

图 3-2-1-6　擦去白边

图 3-2-1-7　背景透明的效果图

3）魔术橡皮擦工具。使用该工具在画面上单击，则相近颜色会被同时擦除，如图 3-2-1-8 所示，可以根据实际情况设置容差的大小，容差越大相近的颜色越多，容差越小相近的颜色越小。

（3）魔棒工具

魔棒工具主要用于抠取图像和背景色色差明显、背景色单一、图像边界清晰的图片，但无法用于抠取人物或图片背景复杂的图片，尤其无法应用于散乱的毛发。它通过删除或反选背景色来获取图像。

在工具箱中选择魔棒工具，在其选项栏中勾选"连续"复选框，输入"容差"值为"20"（该值可根据图片效果进行调节）。单击图片背景色，会出现虚框围住背景色，如果虚框的范围不合适，则可以先按 Ctrl + D 组合键取消虚框，再重新设置"容差"值。

如果虚框范围合适，按 Delete 键删除背景色，就得到了图像选区，也可以选择"选择">"反向"选项（或按 Ctrl + Shift + I 组合键），得到图像的选区，如图 3-2-1-9 所示。

图 3-2-1-8 相近颜色被擦除

图 3-2-1-9 反向选择图像选区

（4）图层的新建、复制和删除

如果要建立新的图层，则可单击"图层"面板中的"创建新图层"按钮；如果要删除该图层，则只需将图层拖动到"垃圾箱"中（即拖动到"删除图层"按钮上），或选中要删除的图层，再单击"删除图层"按钮即可；如果要复制图层，则可把要复制的图层拖动到"创建新图层"上方，或右击，选择复制图层。

3．实例制作的操作步骤

制作海报

——操作步骤及使用的命令、工具

01 新建宽度为10cm，高度为14.24cm，分辨率为300dpi的空白文件，如图3-2-1-10所示。

02 使用油漆桶工具将文件图层填充为黑色，如图3-2-1-11所示。

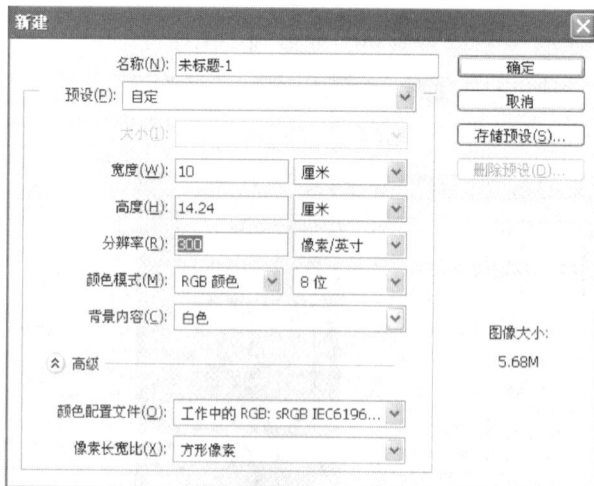

图 3-2-1-10　新建空白文件　　　　　　图 3-2-1-11　填充图层为黑色

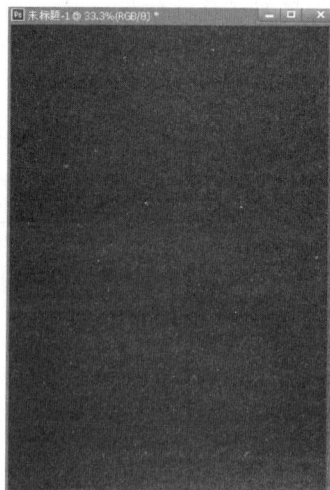

03 打开人物图片，使用魔棒工具选取背景，然后进行反选，得到人物的选区，如图3-2-1-12所示。

04 将人物复制并粘贴到新建文件中，如图3-2-1-13所示。

05 选择"编辑">"描边"选项，设置好描边的颜色和宽度，对人物图层进行描边，如图3-2-1-14所示。

06 打开火焰图片，如图3-2-1-15所示。使用橡皮擦工具将背景擦除，只留"火焰"图像，并改变"火焰"的图层顺序，如图3-2-1-16所示，"火焰"图层在人物图层下方，再将"火焰"图层多复制几次，使得图片看上去更真实。

07 打开三幅素材图片，如图3-2-1-17所示。使用魔棒工具

图 3-2-1-12　反选得到人物选区

选择背景后，再进行反选，得到图像选区后，将图像移动到如
图 3-2-1-18 所示的图层中，对其进行自由变形操作，直到图像
大小合适，如图 3-2-1-18 所示。

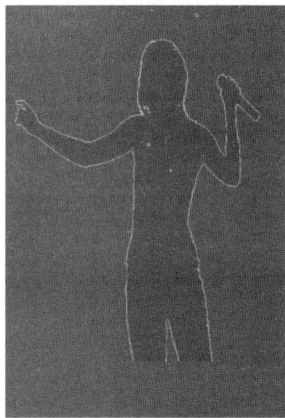

图 3-2-1-13　粘贴人物图

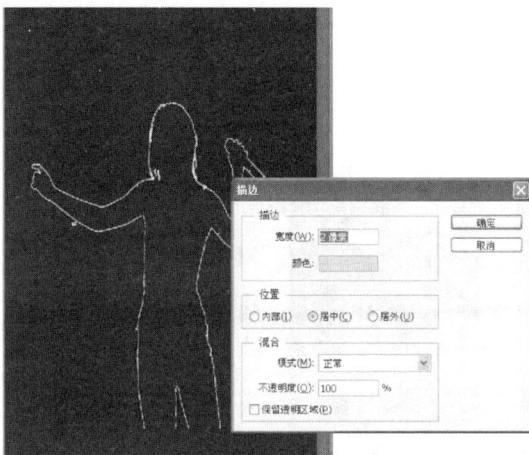

图 3-2-1-14　人物图层描边

图 3-2-1-15　"火焰"素材

图 3-2-1-16　人物图层与火焰图层相结合

图 3-2-1-17　素材图片

图 3-2-1-18　移动素材图像

08 使用文字工具在不同的图层输入如图 3-2-1-19 所示的文字，不同的文字可以选择不同的字体，以达到突出文字内容的效果。

09 分别对文字图层进行栅格化操作，如图 3-2-1-20 所示。再对文字进行描边操作，如图 3-2-1-21 所示，最终效果如图 3-2-1-22 所示。

图 3-2-1-19　设置文字效果图

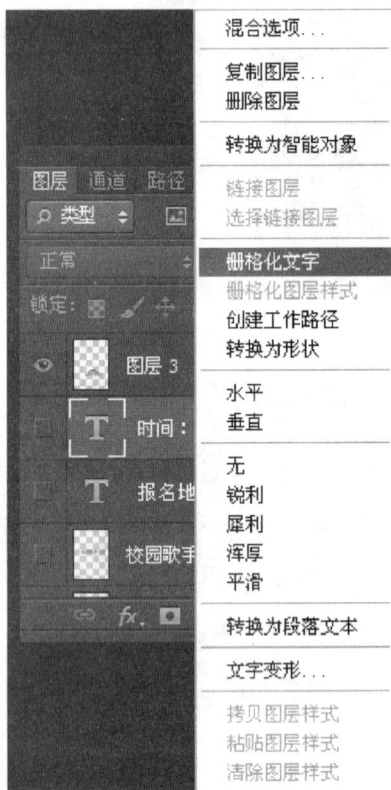

图 3-2-1-20　栅格化文字

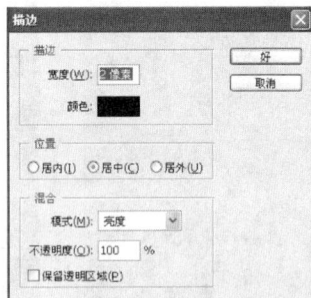

图 3-2-1-21　文字描边设置

图 3-2-1-22　海报最终效果图

小知识

　　海报是一种信息传递艺术的表现形式，是一种大众化的宣传工具，以其醒目的画面吸引人的注意力。海报按其应用不同大致可分为商业海报、文化海报、电影海报和公益海报等。海报必须有相当的号召力与艺术感染力，要调动形象、色彩、构图、形式感等因素形成强烈的视觉效果；它的画面应有较强的视觉中心，力求新颖、单纯，但必须具有独特的艺术风格和设计特点。

本单元制作的海报因为是在网络上发布的，所以制作的尺寸较小（尺寸大则所占存储空间大，会减慢显示的速度），一般需要打印张贴的海报必须按照一定的尺寸进行制作。以下是常见的海报和宣传册等的尺寸，可供参考。

1）DM单尺寸：标准（A4）尺寸，即210mm×286mm。

2）宣传画册、画册规格封套尺寸：210mm×286mm。

3）海报尺寸：640mm×380mm。

4）吊旗、挂旗尺寸：8开，即376mm×266mm，或4开，即640mm×380mm。

5）IC卡尺寸：86mm×64mm。

6）展板：一般的展板都是使用彩色喷绘画面覆在KT板上制作的，成品KT板出厂标准尺寸为90cm×240cm或120cm×240cm；平分为两块，即90cm×120cm或120cm×120cm，这就是所谓的"标准板"。对半分开的"标准板"形成的尺寸（如90cm×60cm或120cm×60cm）的创意空间是"标准大小"的。

海报若用Photoshop进行制作，则必须300dpi才能打印。若用CorelDRAW进行制作和排版，就无需考虑像素问题。因为Photoshop制作的图多数是位图，像素太小会失真，打印出的图像不清晰；CorelDRAW制作的图是矢量图，打印时不会失真。

课后拓展

制作一份简历为今后就业做准备，使用Photoshop制作适合自己个性的简历封面。

制 作 名 片

学习目标

- 了解名片的规格和制件标准；
- 能根据客户要求制作个性名片。

学习重点

- 能根据客户要求制作名片并根据打印标准进行排版。

实例 名片的设计与制作

神州数码公司宜宾分公司与某校合作，宜宾片区售后服务部经理想请该校摄影专业的学生帮他设计一张名片。

实例要求：

1）名片不要用白色背景。

2）名片要有艺术气息和个性。

3）名片风格要硬朗。

■ 实例分析

1．名片的作用

当今社会，很多人都持有个人名片，总的来说，名片有以下三个方面的作用。

（1）宣传自我

名片上最主要的内容是名片持有者的姓名、职业、工作单位、联络方式（手机号码、E-mail）等，通过这些内容把名片持有者的个人信息标注清楚，并以此为媒介向外传播。

（2）宣传企业

名片除标注个人信息外，还要清楚地标注企业资料，如企业的名称、地址及企业的业务领域等。在名片中包含企业的标志、标准色、标准字等，使其成为企业整体形象的一部分。

（3）信息时代的联系卡

在数字化信息时代中，每个人的生活、工作、学习都离不开各种类型的信息，名片以其特有的形式传递人、企业及业务等信息，很大程度上方便了我们的生活。

2．名片设计要点

名片作为一个人、一种职业的独立媒介，需要便于记忆，具有很强的识别性，让人在最短的时间内获得所需要的信息。因此名片设计必须做到文字简明扼要，字体层次分明，艺术风格新颖，强调设计意识。

3．名片设计中的构成要素

在名片的设计中，构成要素是指构成名片的各种素材，一般指标志、图案、文案（名片持有者姓名、通信地址、通信方式）等。

4．实例的制作过程

1）收集名片持有者的个人信息和公司信息。

2）制作一张名片的正面和背面。

3）用 A4 纸排版，10 张卡片排版成一张并打印。

■ 实例具体制作

1．收集素材

1）了解名片持有者的身份、职业；了解名片持有者的单位及其单位的性质、职能；了解名片持有者及单位的业务范畴。

2）让名片持有者提供或在网络上搜索所需的图片、标志等。

2．知识准备

1）名片按制作工艺分类为胶印名片、彩印名片、激光打印名片，本实例制作的名片是彩印名片。

2）名片设计的比例。名片虽小，但它是一个完整的画面，所以存在画面比例与均衡问题。其包括两个方面：一是名片的整体内容，即方案、标志、色块的比例关系；二是边框线的比例关系。日常生活中，人们经常用到的黄金分割（黄金比例）是设计中应用较多的一种比例，常见的明信片、纸卡、邮票和一些国家的国旗等，都采用这个比例。黄金比例矩形的宽与长的比例是 1 : 1.618，因此我国一般名片的尺寸为 90mm × 66mm（横版构图）、66mm × 90mm（竖版构图）。还要留出打印时需要的"出血"宽度，上下左右各 1mm，所以制作尺寸必须设定为 92mm × 67mm。（出血：印刷中的专用名词，因为印刷完成后要切成成品，在裁剪时不可能 100% 刚好裁剪到位，需要设计者在作图时按实际尺寸人为地超出一些，以便后续裁剪时不会裁剪到成品中需要的内容。）

3．实例制作的操作步骤

制作单张名片
——操作步骤及使用的命令、工具

01 新建一个如图 3-3-1-1 所示大小的文档。

02 选择"视图"＞"标尺"选项，拖动出上下左右四条参考线，参考线外的部分就是上下左右分别留出的 1mm 的"出血"，如图 3-3-1-2 所示。

03 在工具箱中选择圆角矩形工具，如图 3-3-1-3 所示，在画布左上角拖动出一个灰色的圆角矩形，如图 3-3-1-4 所示。

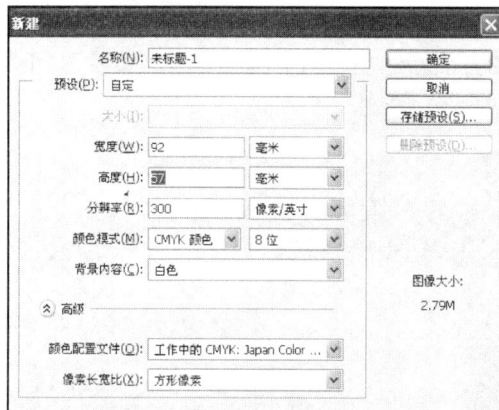

图 3-3-1-1　新建文档

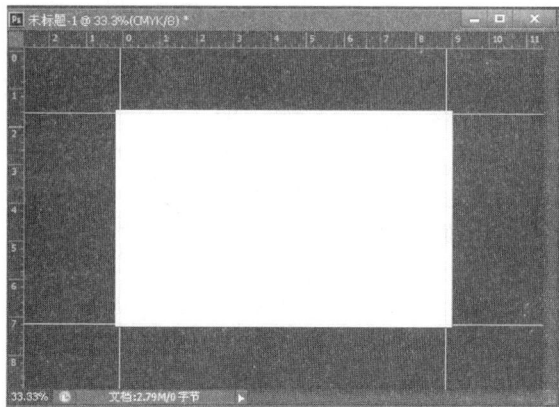

图 3-3-1-2　参考线外的"出血"部分

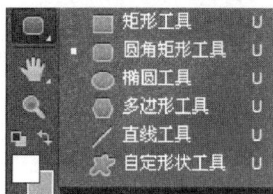

图 3-3-1-3　选择圆角矩形工具

04　选择"编辑">"变换路径">"扭曲"选项，如图 3-3-1-5 所示，拖动圆角矩形右下角，将其绘制成梯形，如图 3-3-1-6 所示。

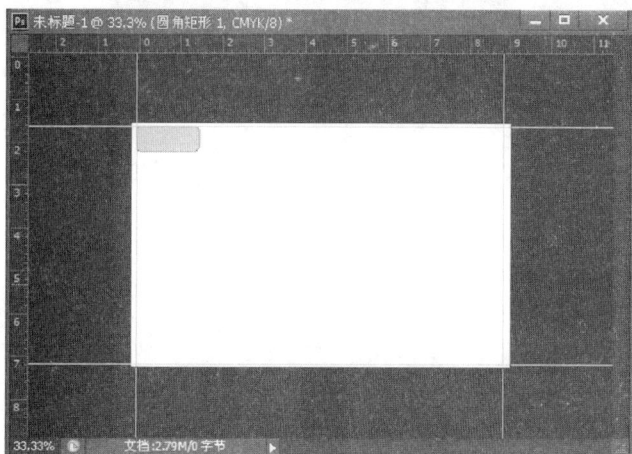

图 3-3-1-4　拖动出圆角矩形

图 3-3-1-5　执行"扭曲"命令

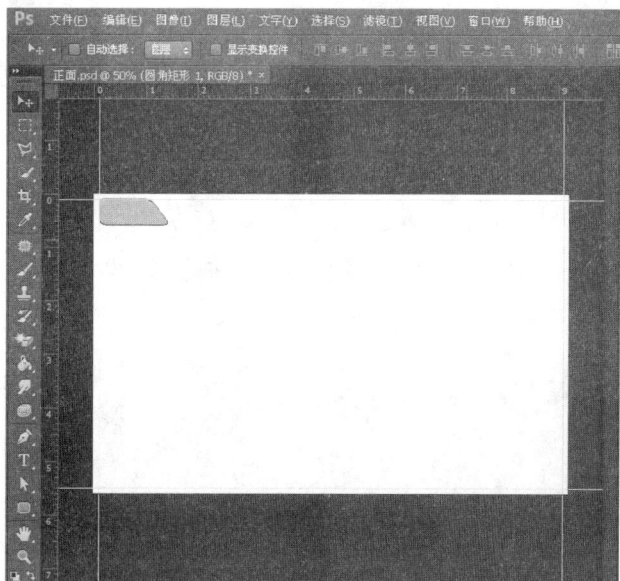

图 3-3-1-6　绘制梯形

05 使用矩形工具紧挨着梯形绘制一个矩形，如图 3-3-1-7 所示。

06 用与步骤 04 同样的方法新建左右两个白色图形，如图 3-3-1-8 所示。

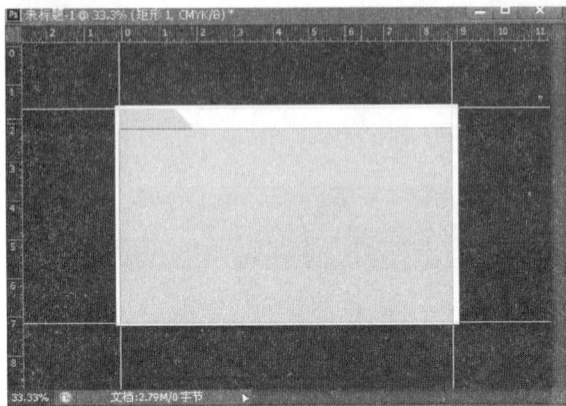

图 3-3-1-7 绘制矩形

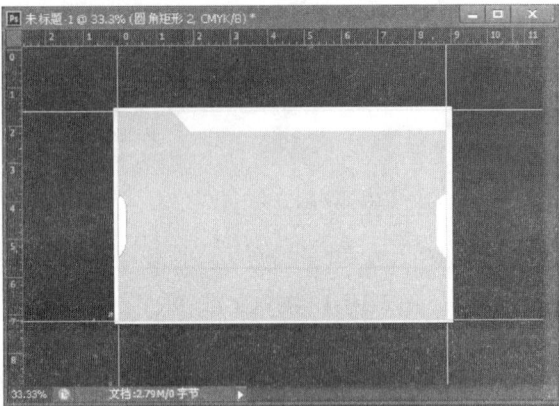

图 3-3-1-8 新建两个白色图形

07 将所绘制的图形所在的图层进行拼合，用深红色填充中间灰色部分，如图 3-3-1-9 所示，其效果如图 3-3-1-10 所示。

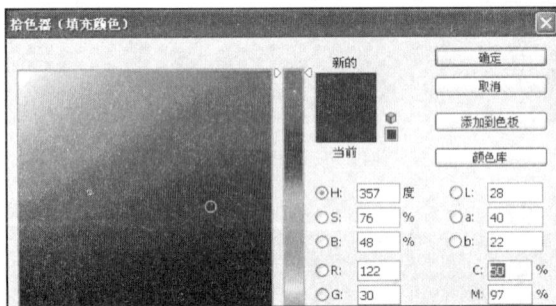

图 3-3-1-9 填充颜色

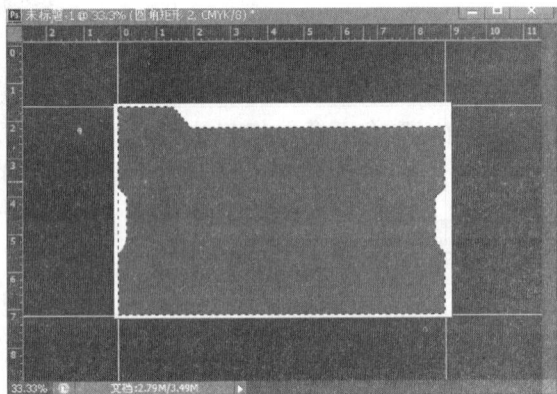

图 3-3-1-10 填充深红色后的效果

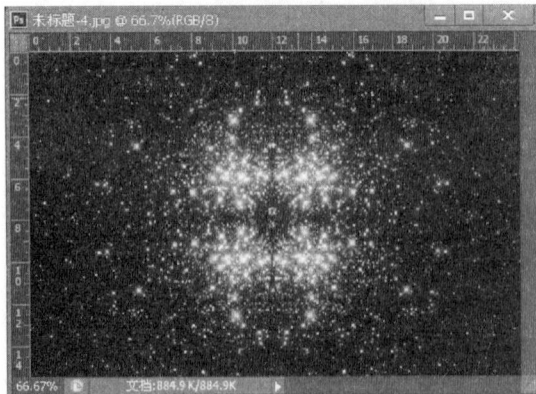

图 3-3-1-11 "星系"图片

08 打开一幅"星系"图片，如图 3-3-1-11 所示。

09 使用移动工具将"星系"拖动到文件中，并把图层混合模式设为"滤色"，如图 3-3-1-12 所示。

10 将该图层的"不透明度"设置为"40%"，如图 3-3-1-13 所示。

11 使用铅笔工具在中间画出两条直线，颜色为白色，如图 3-3-1-14 所示。

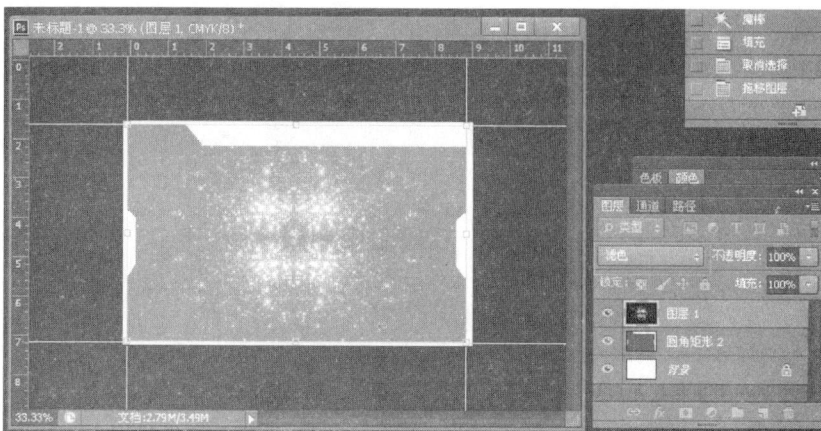

图 3-3-1-12　设置图层混合模式为"滤色"

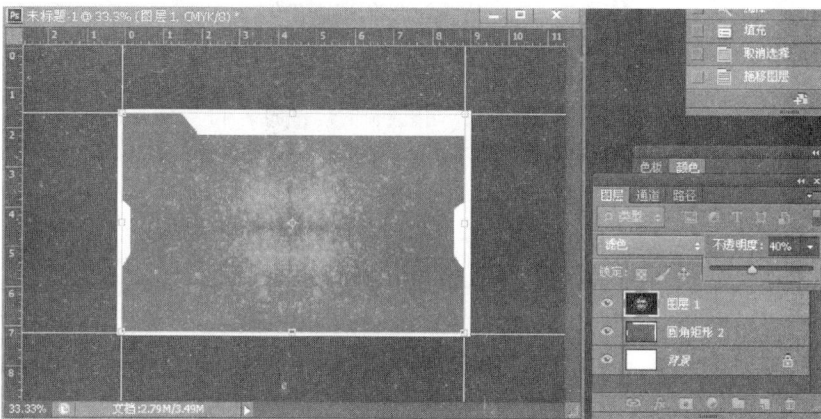

图 3-3-1-13　设置"不透明度"为"40%"

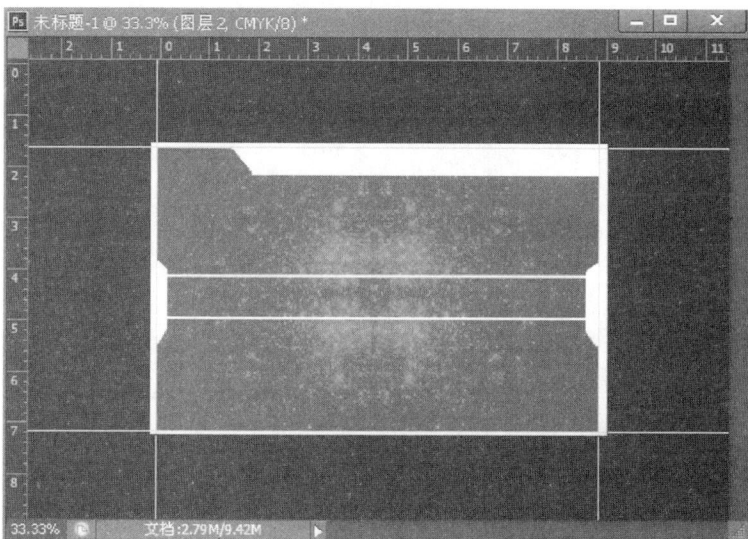

图 3-3-1-14　画出两条白色直线

12 为直线添加"外发光"图层样式，参数如图 3-3-1-15 所示。

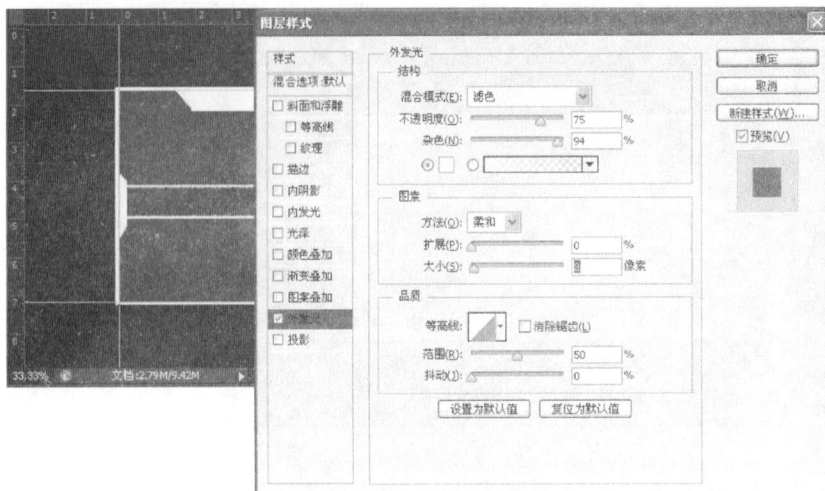

图 3-3-1-15 添加"外发光"图层样式

图 3-3-1-16 标准素材图

13 打开神州数码公司的标准素材图,将其拖动到文档中,改变其颜色后,将其放在相应的位置,如图 3-3-1-16 所示。

14 在相应的位置输入神州数码公司的名称、网站地址和持有者的个人信息,由于涉及个人隐私,在此不将持有者的具体信息输入,但是在日常中个人信息必须出现在名片上,如图 3-3-1-17 所示。

15 到此,名片的正面就制作完成了,保存文件为 PSD 格式,这样会保存好源文件的图层以便修改,如图 3-3-1-18 所示。

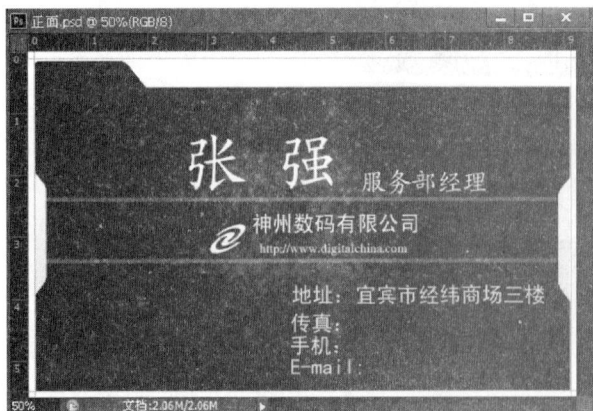

图 3-3-1-17 输入信息

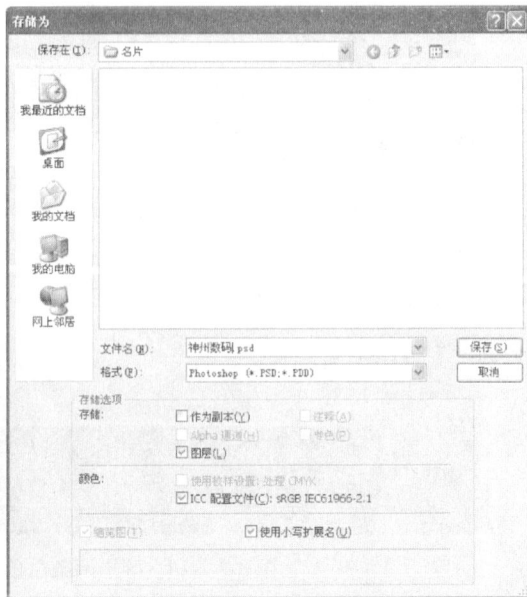

图 3-3-1-18 以 PSD 格式保存文件

16 用同样的方法制作名片背面，如图 3-3-1-19 所示，同样以 PSD 格式保存文件。

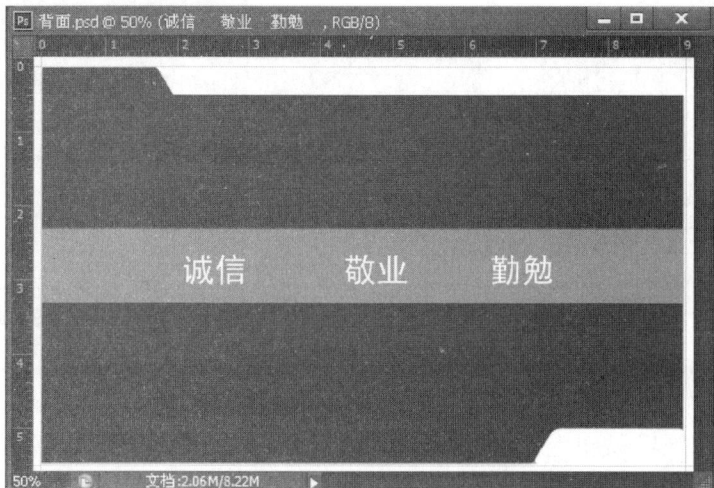

图 3-3-1-19　制作的名片背面

在 A4 纸上排版名片
——操作步骤及使用的命令、工具

01 将名片正面另存为为一个文件（如神州数码 1.psd），方便排版使用，如图 3-3-1-20 所示。

02 选择"图层">"拼合图像"选项，将所有的图层拼合到背景图层上，如图 3-3-1-21 所示。

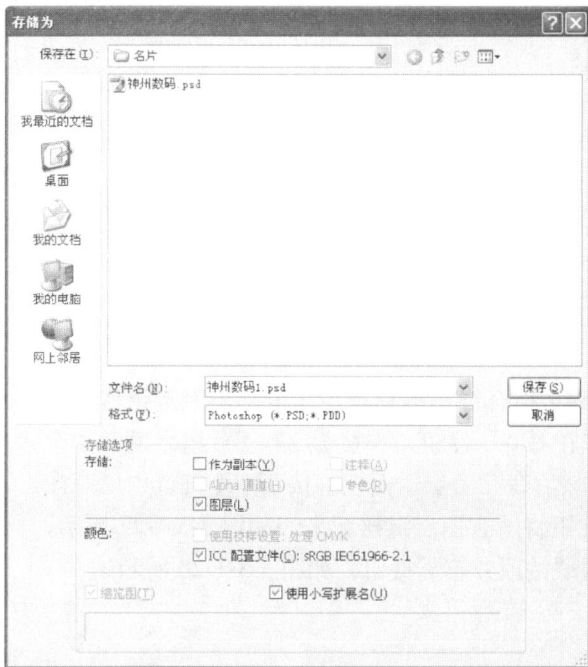

图 3-3-1-20　存储名片正面文件

图 3-3-1-21　执行"拼合图像"命令

03 将背景图层解锁为"图层 0",如图 3-3-1-22 所示。

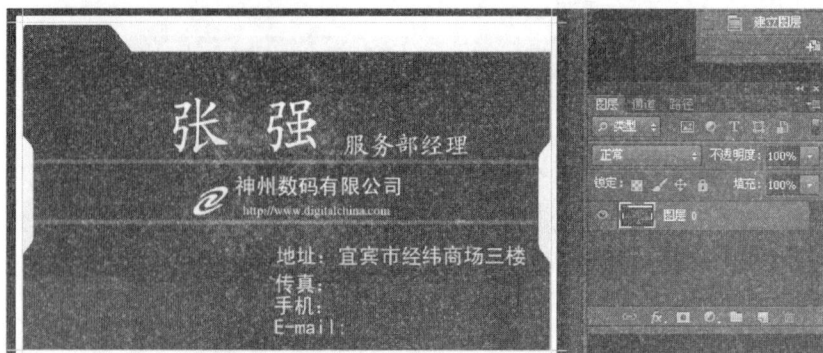

图 3-3-1-22 图层解锁

04 复制出四个图层,复制的方法可以是直接拖动"图层 0"到"创建新图层"按钮上,也可以选择"图层 0"并右击,弹出快捷菜单,选择"复制图层"选项,还可以按 Ctrl + Alt + ↑ 组合键来复制图层,如图 3-3-1-23 所示。

05 下面就在 A4 纸上排版名片,A4 纸的大小为 21cm × 29.7cm,为了裁剪方便,可以留有一定的空白,选择"图像">"画布大小"选项,将文件的画布高度设置为 29cm,如图 3-3-1-24 所示。选择"定位"为向下扩展,如图 3-3-1-25 所示。

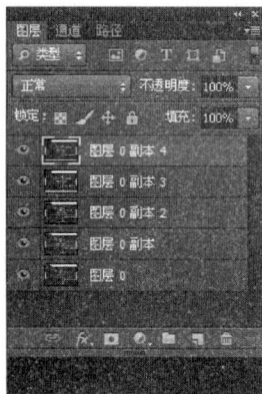

图 3-3-1-23 复制四个图层

图 3-3-1-24 设置画布高度

图 3-3-1-25 "定位"选择

06 按 Ctrl + A 组合键进行全选,在工具箱中选择移动工具,在其选项栏中单击"底对齐"按钮,再按 Ctrl + D 组合键取消选区,如图 3-3-1-26 所示;然后在"图层"面板中按 Shift 键选中所有图层,单击"链接图层"按钮将所有图层链接起来,如图 3-3-1-27 所示,再使用移动工具,单击"按顶分布"按钮,如图 3-3-1-28 所示。

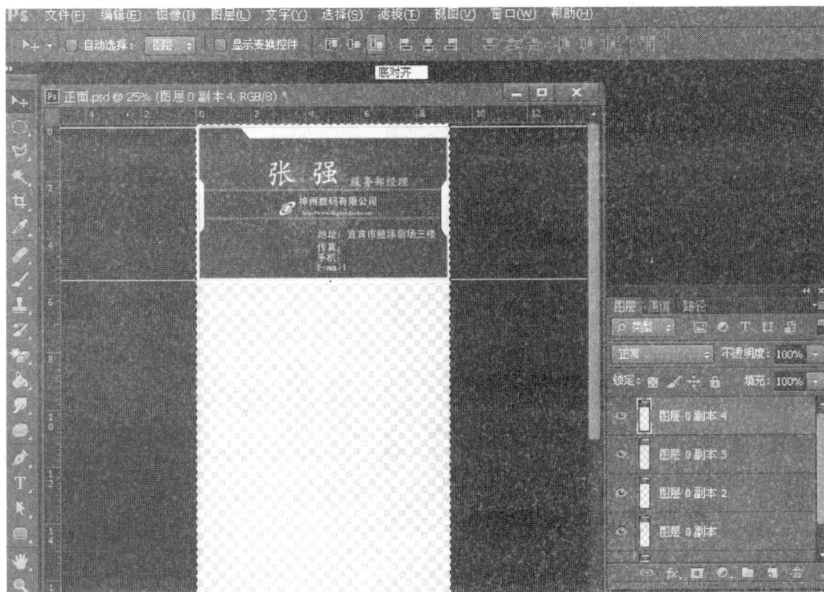

图 3-3-1-26 底对齐

图 3-3-1-27 图层链接

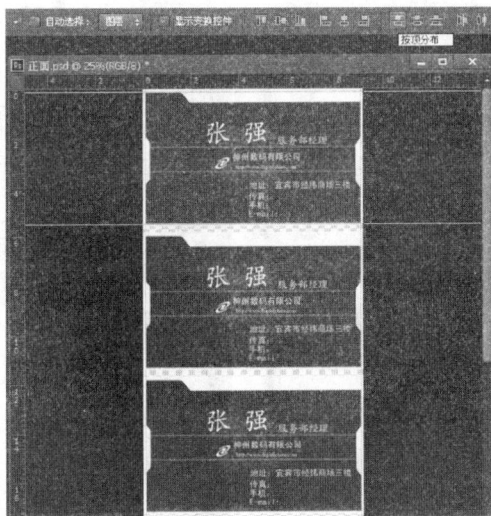

图 3-3-1-28 按顶均匀分布

07) 到此，左侧 5 张名片已拼合好。选择"图层">"合并图层"选项（或按 *Ctrl* + *E* 组合键），将所有图层合并在一个图层上，如图 3-3-1-29 所示。

08) 复制合并好的图层，如图 3-3-1-30 所示，画布大小改为 20cm×29cm，"定位"选择向右扩展，如图 3-3-1-31 所示。

09) 按 *Ctrl* + *A* 组合键全选图层，如图 3-3-1-32 所示，在工具箱中选择移动工具，在其工具选项栏中单击"右对齐"按钮，一张 A4 纸大小的名片就排版完成了，如图 3-3-1-33 所示。

图 3-3-1-29 执行"合并图层"
命令

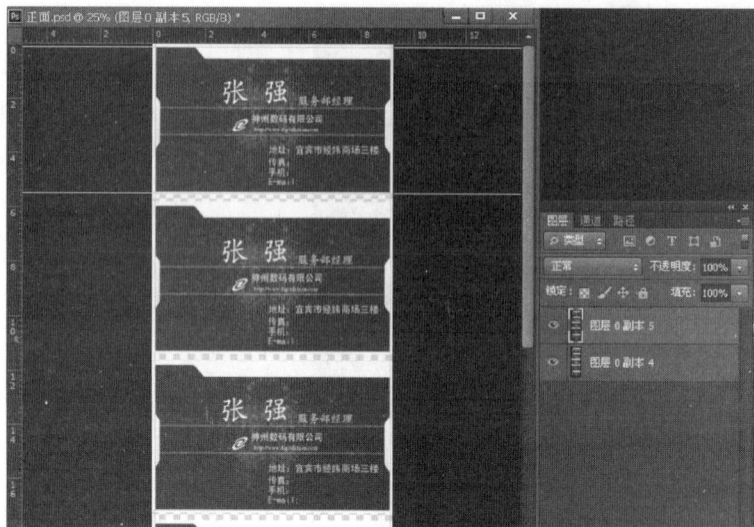

图 3-3-1-30　复制合并图层

图 3-3-1-31　调整画布大小

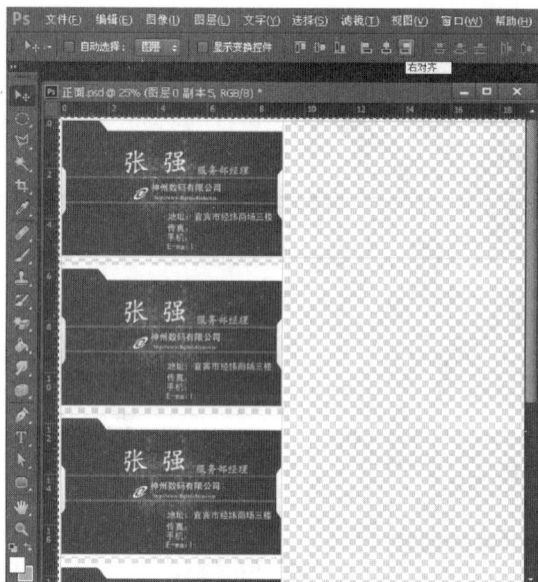

图 3-3-1-32　图层全选

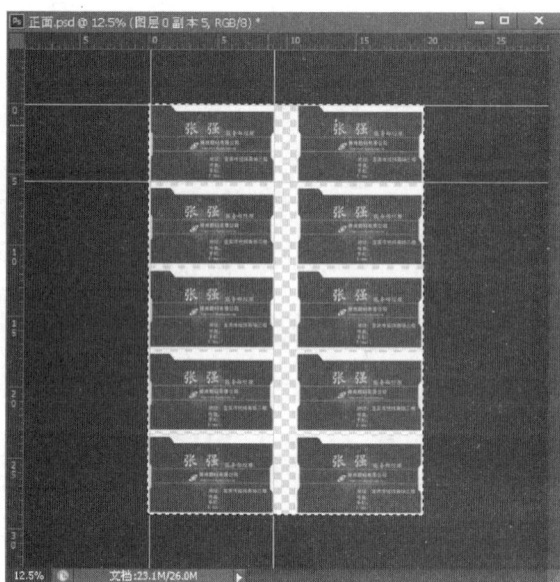

图 3-3-1-33　拼接后的 A4 纸名片

10 新建一个背景层并填充颜色，如图 3-3-1-34 所示。保存文件为 JPEG 格式，以备打印。

11 打开名片背面图片，如图 3-3-1-35 所示，用同样的方法在 A4 纸上排版 10 张名片以备打印，如图 3-3-1-36 所示。

12 用 A4 纸在专用的名片打印机上进行打印，打印时设置正面和背面均为"图像居中"对齐，避免前后出现错位，如图 3-3-1-37 所示。

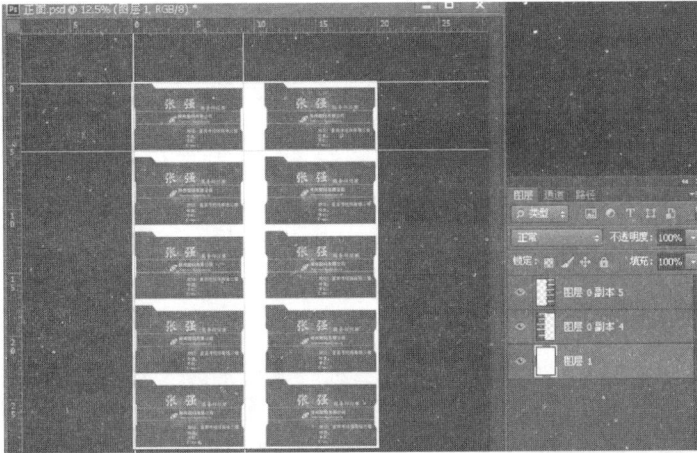

图 3-3-1-34 背景层填充颜色

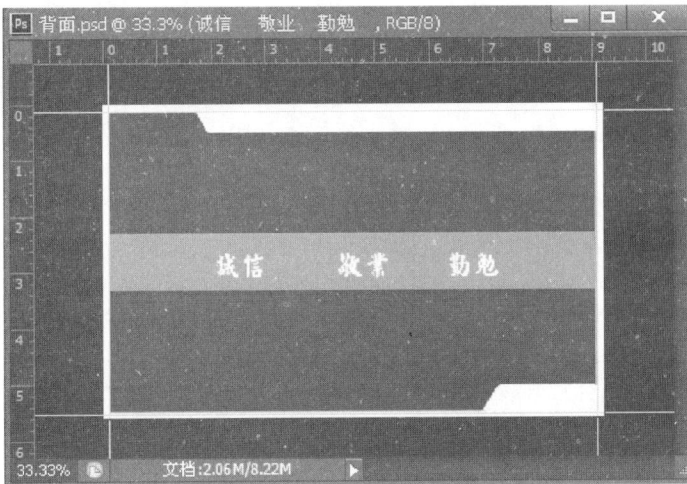

图 3-3-1-35 名片背面图片

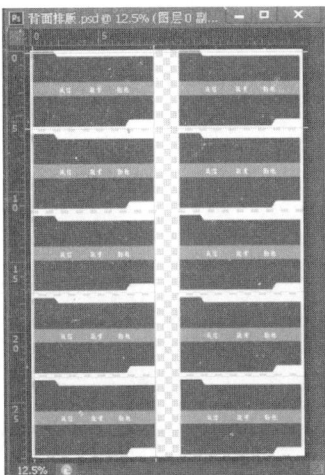

图 3-3-1-36 排版 10 张背面名片　　　　图 3-3-1-37 设置"图像居中"

小知识

（1）名片制作的方法

1）使用模板：在网络上，可以根据不同名片的印刷方式搜索出大量的、已经印刷的、有代表性的优秀模版，选择适合自己的模板后将个人信息输入到其中便可排版打印。

2）个人设计：自己设计名片，根据个人需求设计个性名片。

（2）名片印刷

目前，印刷名片的方法主要有三种，最简单的为激光打印，其次为胶印，再次为丝网印刷。目前激光打印和胶印广泛使用，丝网印刷由于最为复杂而使用得相对较少。

课后拓展

设想自己未来的职业，为自己设计一张名片。

制作宣传单

学习目标

- 了解宣传单制作标准和制作过程；
- 能根据要求制作宣传单。

学习重点

- 能根据要求制作宣传单并为打印做好准备。

实例　房地产开盘宣传单的设计与制作

寅吾房地产公司修建的楼房即将开盘，委托广告公司制作一些开盘宣传单。下面我们来尝试着制作这个宣传单。

实例要求：

1）宣传单上要展示楼盘的效果图。

2）根据楼盘的风格设计合适的广告词。

3）宣传单上要注明楼盘地址和项目修建单位、联系方式等。

■ 实例分析

1．广告

广告是最有力的传播工具，房产广告能实现最基本的告知作用，好的创意能提升品牌的美誉度。

在房地产项目的销售过程中，广告的作用是"巧传真实"。就是以具有吸引力、说服力及记忆点的广告语，以"震撼人心"的方式把产品中与消费者最相关的部分，即所谓的"真实"的东西巧妙地传递给消费者。

2．实例的制作过程

1）获取该楼盘和公司相关的图片、文字、标志方面的素材。

2）制作楼盘宣传单。

■ 实例具体制作

1．收集素材

积极与楼盘宣传的相关人员联系和沟通，获取与楼盘相关的文字、图片等资料。

2．知识准备

房地产广告的目的是迅速、准确地把楼盘信息传递给消费者，劝说、诱导消费者购房，从而促进销售。而艺术化只是设计表现的一种方式，其最终目的仍是商业化的，而非纯艺术表现。广告是为目标消费者而设计的。若想让目标消费者心甘情愿地购买产品，很简单，即要让消费者从广告中看到产品能带来的好处，这个好处要足以使消费者动心，并能产生购买行为。必须明确的是，没有人会单纯因为广告，因为好创意产生的好印象，而盲目购买房子这种特殊的商品——变数高、区域性强的一次性涉深产品。这也是房地产广告制作与其他大众产品广告最直接的差别。

3．实例制作的操作步骤

房地产开盘广告宣传单
——操作步骤及使用的命令、工具

01 新建一个大小为 DM（直接邮寄广告）单的文件，如图 3-4-1-1 所示。

02 将背景填充为蓝色，如图 3-4-1-2 所示。

03 用矩形选框工具绘制一个矩形选区，如图 3-4-1-3 所示。

04 对选区进行描边，颜色为浅蓝色，宽度为 1 像素，如图 3-4-1-4 所示。

05 再绘制一个矩形选区并描边，效果如图 3-4-1-5 所示。

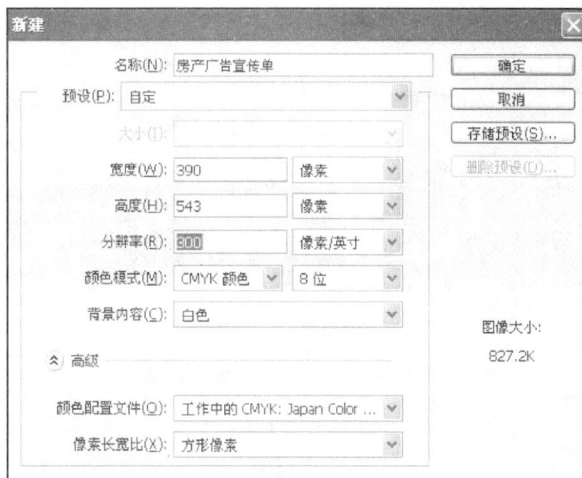

图 3-4-1-1　新建 DM 单大小的文档

图 3-4-1-2　填充背景为蓝色

图 3-4-1-3　绘制矩形选区

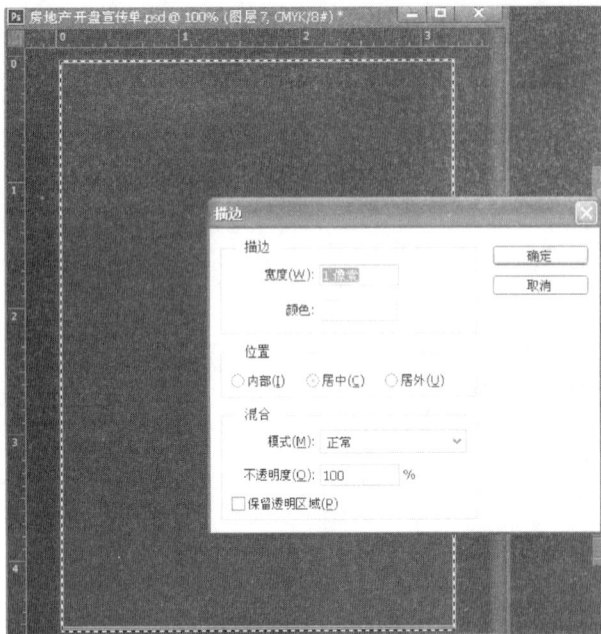

图 3-4-1-4　选区描边

图 3-4-1-5　矩形框描边

06 打开一个花边素材，如图 3-4-1-6 所示，选择其中一种花边，去掉背景后，将其拖动到文件中，颜色调整为浅蓝色，并且复制三次，将其排列到矩形框四角，效果如图 3-4-1-7 所示。

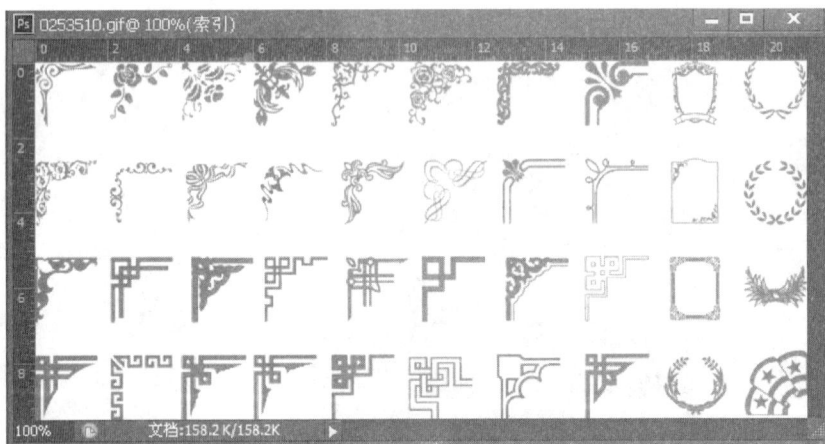

图 3-4-1-6　花边素材

07 打开一个欧式背景素材，如图 3-4-1-8 所示。将背景拖动到文件中，并将图层的不透明度设为 80%，如图 3-4-1-9 所示。

08 用矩形选框工具绘制一个矩形选区，并选择"选择">"修改">"平滑"选项，弹出"平滑选区"对话框，"取样半径"设为"4"像素，如图 3-4-1-10 所示。

09 对选区进行描边，参数设置如图 3-4-1-11 所示。

图 3-4-1-7　花边排列效果

图 3-4-1-8　欧式背景素材

图 3-4-1-9　更改不透明度

图 3-4-1-10　设置"取样半径"

图 3-4-1-11　设置描边参数

10 描边效果如图 3-4-1-12 所示。

11 打开楼盘效果图，如图 3-4-1-13 所示。将楼盘效果图用移动工具拖动到文件中，调整好大小和位置，如图 3-4-1-14 所示。

图 3-4-1-12　描边效果

图 3-4-1-13　楼盘效果图

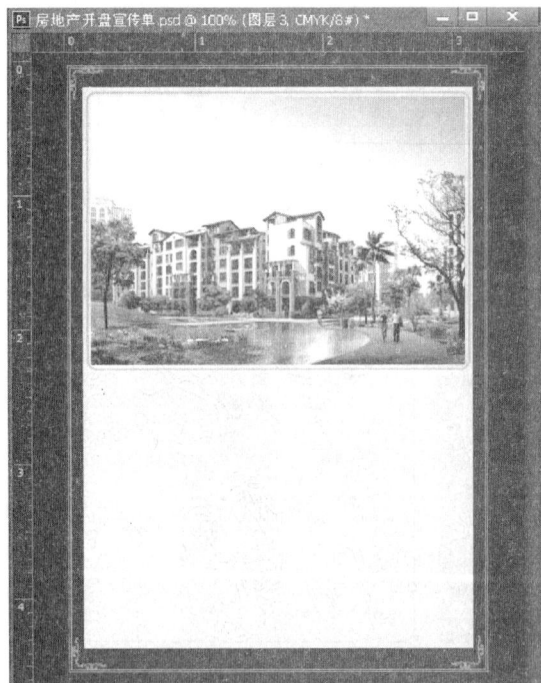

图 3-4-1-14　移动楼盘效果图

12 打开楼盘"标志"图，如图 3-4-1-15 所示。将"标志"图移动到文件中，调整好大小和位置，如图 3-4-1-16 所示。

13 输入楼盘宣传语，设置文字的字体和大小，设置"外发光"图层样式，如图 3-4-1-17 所示。

图 3-4-1-15　楼盘"标志"图

图 3-4-1-16　移动"标志"图

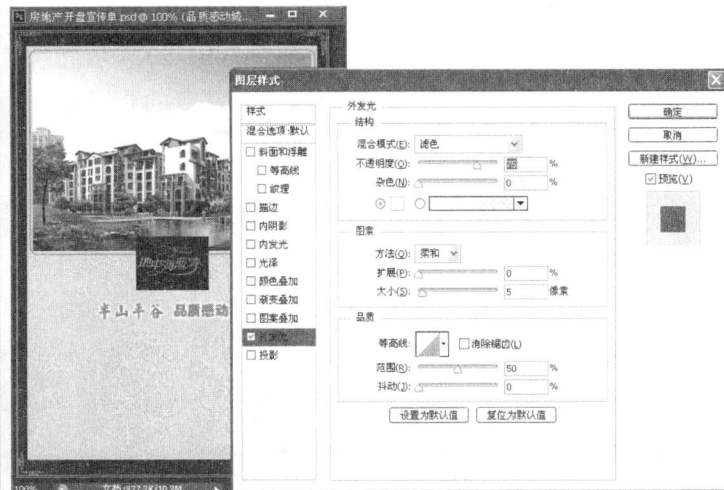

图 3-4-1-17　设置"外发光"的参数

14 选取图 3-4-1-18 中的一种花边样式，去掉背景，调整颜色为蓝色。对调整好的花边进行排版操作，如图 3-4-1-19 所示。

图 3-4-1-18　花边样式

图 3-4-1-19　花边排版效果

15 输入广告语，调整字体和大小，设置文字图层样式为"投影"，效果如图 3-4-1-20 所示。

16 输入该楼盘的介绍文字，如图 3-4-1-21 所示。

图 3-4-1-20　广告语的效果图

图 3-4-1-21　输入介绍楼盘的文字

图 3-4-1-22　输入销售信息

17 输入该楼盘的相关销售信息，如图 3-4-1-22 所示，将文件存储到指定文件夹，以备打印。

打印时，需将文字进行栅格化操作，即将文字图层转化成一般图层，避免在打印时由于字体原因出错。为了节约成本，一般要转入到 CorelDRAW 中进行打印，并且考虑"出血"问题，需将文件的实际大小扩大 2mm 左右以便裁剪。

小知识

房地产平面广告主要种类如下:

1) 报纸广告:房地产广告广泛运用的大众传媒广告媒体。报纸广告的版面空间是广告信息的载体。它引起受众注意的因素有两方面:一是版面面积,二是刊登位置。房地产广告选用报纸版面面积可以从半通栏至整版,版面面积越大,广告注意率越高,但经济支出也越多。

2) 杂志广告:一般是房地产广告针对特定的顾客群体而选用的媒体,例如,高档楼盘往往选用航空杂志,其读者可能是高档楼盘潜在的顾客。杂志广告一般分为封底、封二、封三、封面和内页等几种。不同版面位置的广告注意度差异较大,注意度最大的为封面,封底次之,再次为封二、封三和扉页,最后为内页。

3) 楼书设计:又称售楼书或房地产样本,它是多页装订的、整体反映楼盘情况的广告画册。

课后拓展

某孕婴店即将开业,请设计一张孕婴店开业宣传单。

店名:妈咪宝贝。

销售产品:名优奶粉、婴儿辅食、喂养用品、孕妇用品、童装鞋帽、益智玩具、童车童床、日常用品。

活动内容:1) 凭宣传单进店可领取礼物一份。

　　　　　2) 奶粉8.5折优惠。

　　　　　3) 其余用品一律8折。

　　　　　4) 活动时间为开张日期到 × 月 × 日结束。

学习笔记

单元 4

室内装饰设计的后期处理

室内装饰的后期处理

学习目标 _____

- 了解室内装饰平面图的制作过程；
- 能在室内装饰三维图的基础上做平面后期处理。

学习重点 _____

- 能在室内装饰三维图的基础上做平面后期处理。

实例 室内装饰后期处理操作

■ 实例分析

1. 室内装饰图

制作室内装饰图，应先由设计师现场勘查后，根据和业主的沟通用 CAD 绘制出装饰平面结构图，再根据标准的 CAD 图纸用 3ds Max 创建标准的模型，再进行覆材质、打灯光、调整渲染成图，最后用 Photoshop 修饰色彩和添加后期的素材。

2. 实例的制作过程

1）获取室内装饰图。
2）调整色彩。
3）添加后期的素材。

■ 实例具体制作

1. 收集素材

从某装饰公司设计师处获取一些室内装饰图。

2. 知识准备

Photoshop 在室内装饰行业后期处理的内容如下：

1）增加空间的装饰物，如花瓶、水果、壁画、电视机的画面图像等，这样就可以大大减少 3D 建模的工作量（一般发光物体和结构复杂的物体不在 Photoshop 中完成）。

2）区域颜色变化，在 Photoshop 中用户可以方便地单独制作选区，改变其颜色。

3）渲染后的图像有时会漏光、缺面，如果不想费力补模型，也可以后期使用 Photoshop 解决。

4）对画面效果的颜色基调氛围（暖色调、冷色调、复古色调等）进行整体调整。

3. 实例制作的操作步骤

整体调整灰暗的装饰图
——操作步骤及使用的命令、工具

01 在 Photoshop 中打开需要编辑的图片，即打开图 4-1-1-1，可以看出，该图制作和渲染的效果很好，只是整体比较灰暗。

02 在"图层"面板中复制图层，图层混合模式设置为"叠加"；"不透明度"调整为"68%"（根据实际情况而定），如图 4-1-1-2 所示。还可以使用快捷键增加亮度，即按 *Ctrl* + *M* 组合键，弹出"曲线"对话框，再进行亮度的设置。

03 选择用于设置黑场的吸管，在图片黑色处吸取颜色，用设置白场的吸管在白色处吸取颜色，色调就基本调整好了，如图 4-1-1-3 所示。

04 打开一幅"植物"素材图片，如图 4-1-1-4 所示。

图 4-1-1-1　需要编辑的原图片

图 4-1-1-2　设置图层

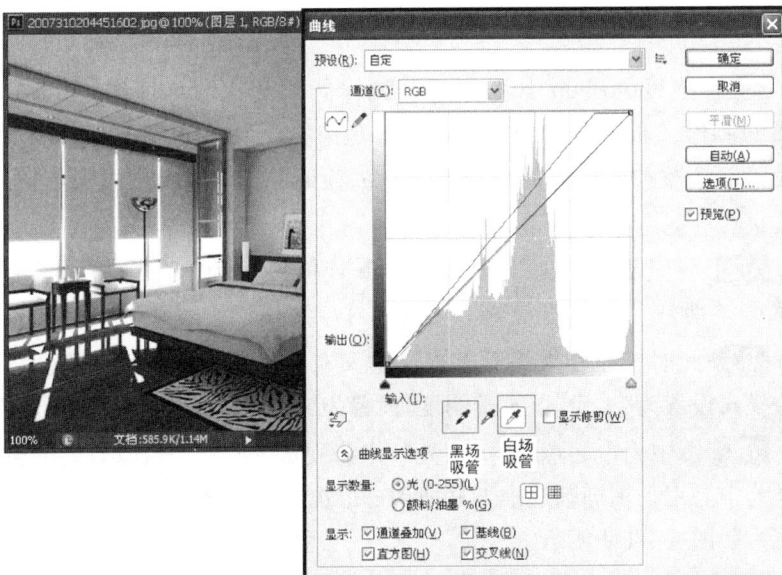

图 4-1-1-3　调整色调

05 将"植物"图片去掉背景后拖动到装饰图上，按 `Ctrl` + `T` 组合键调整大小，放置在装饰图的左下角，一幅原本灰暗的装饰图就恢复光亮了，如图 4-1-1-5 所示。

图 4-1-1-4 "植物"素材

图 4-1-1-5 放入"植物"后的效果图

调整装饰图的局部区域
——操作步骤及使用的命令、工具

01 在 Photoshop 中打开需要编辑的图片，即打开图 4-1-1-6。该图的制作、布景和渲染都很好，只是渲染工具渲染后一般比较灰暗，可以调整整体色调后对局部进行单独调色，将室内调成暖色调，使其柔和一些。

02 可以看出，使用 Lightscape 软件设计的图比较暗，需先整体调整曲线，以提升亮度，如图 4-1-1-7 所示。

03 此时，图片效果看起来又虚又灰，复制一个图层，将图层混合模式设置为"柔光"，"不透明度"设置为"60%"，如图 4-1-1-8 所示。

04 图中无中心点时，"柔光"作为视觉中心，一般以灯光的聚集区为中心点，用椭圆选框工具拖动一个选区，"羽化半径"设为"50"像素，如图 4-1-1-9 所示。

图 4-1-1-6　需编辑的原图

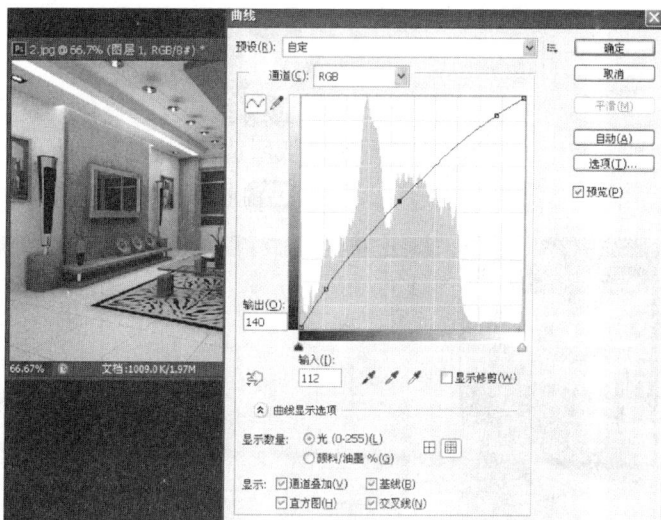

图 4-1-1-7　提升亮度

图 4-1-1-8　"柔光"模式

图 4-1-1-9　羽化选区

05 使用曲线调整亮度，先向上提升选区的亮度，如图 4-1-1-10 所示。

06 执行反选操作（或按 **Ctrl** + **Shift** + **I** 组合键），再调整曲线降低所选范围内的亮度，增强图片的层次感，如图 4-1-1-11 所示。

07 执行"向下合并"命令，如图 4-1-1-12 所示。

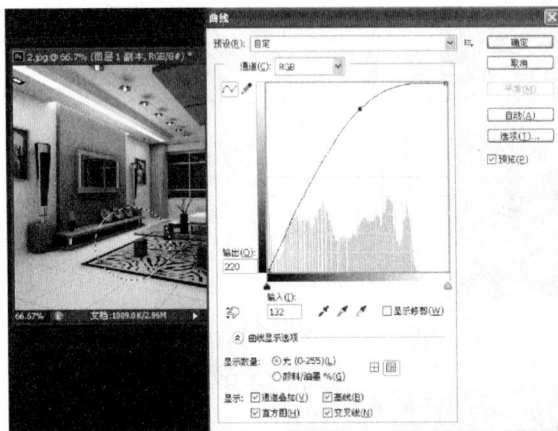

图 4-1-1-10　提升选定区域亮度　　　　　图 4-1-1-11　降低所选范围亮度

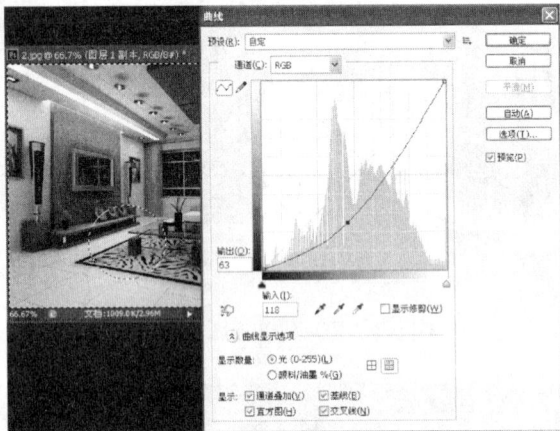

图 4-1-1-12　向下合并图层

> **说　明**
>
> 　　此图是在 Lightscape 中制作的，可以在后期处理中导入通道图（该通道图在前期制作模型时需保存好，在后期调色中非常有用），将导入的通道图移动到原图上，并使其与原图完全重合，在"色彩范围"对话框中选择选区，单独对细节进行调色调光，如图 4-1-1-13 所示。但是由于本图在 Lightscape 制作的原图未能提供，所以仅能在 Photoshop 中用其他工具来进行后期处理。

08 使用套索工具选中墙面，选择"图像">"调整">"亮度/对比度"选项，弹出"亮度/对比度"对话框，将墙面调亮以加深层次感，如图 4-1-1-14 所示。

09 用同样的方法选择窗玻璃，选择"图像">"调整">"色彩平衡"选项，弹出"色彩平衡"对话框，调整蓝色，如图 4-1-1-15 所示。

10 选中地面，使用曲线调亮，如图 4-1-1-16 所示，再对其"色彩平衡"进行调整，如图 4-1-1-17 所示。

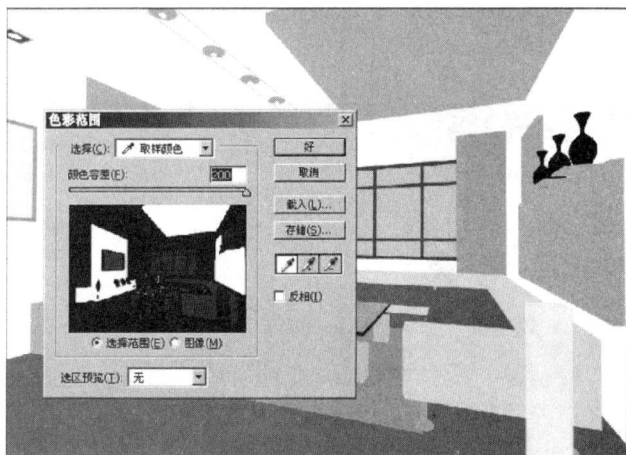

图 4-1-1-13　色彩范围

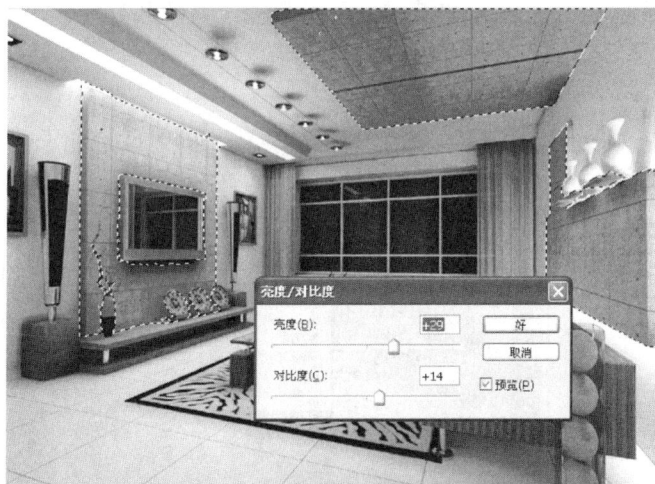

图 4-1-1-14　调整墙面的"亮度/对比度"

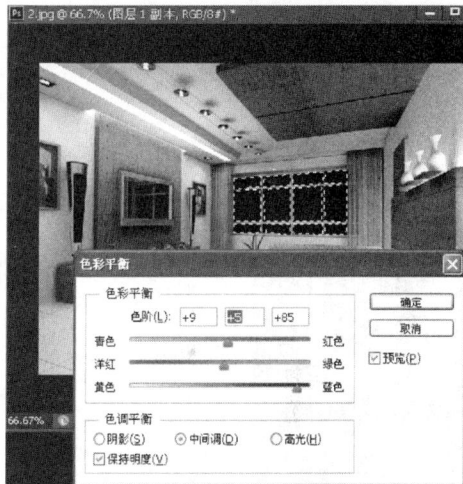

图 4-1-1-15　窗玻璃的"色彩平衡"调整

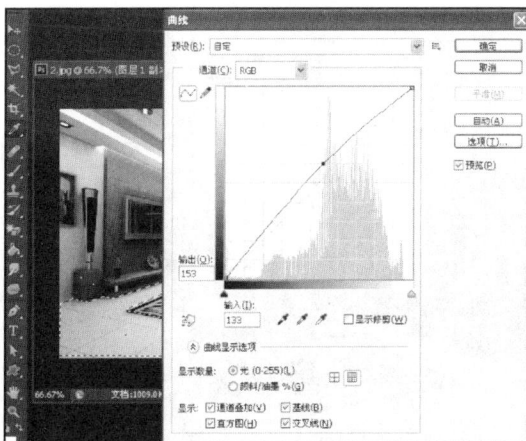

图 4-1-1-16　调亮地面

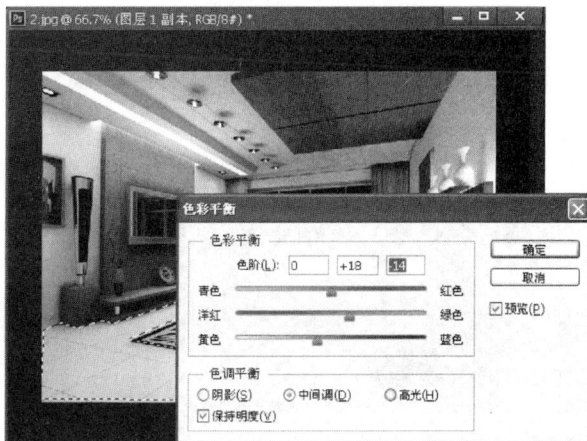

图 4-1-1-17　地面的"色彩平衡"调整

11 选中墙顶，用曲线调亮，如图 4-1-1-18 所示。

12 选中玻璃茶几，调整亮度，如图 4-1-1-19 所示。

13 选中地毯，调整亮度和对比度，如图 4-1-1-20 所示，再选中其余区域分别进行调整。

14 调整完成后，打开"节目"图片并复制，粘贴到电视屏幕中，如图 4-1-1-21 所示，再选择"编辑">"变换">"扭曲"选项，将"节目"放入电视屏幕中，让图片有真实感，最终效果如图 4-1-1-22 所示。

15 将文件保存为 PSD 格式和 JPEG 格式，分别用于修改和打印。

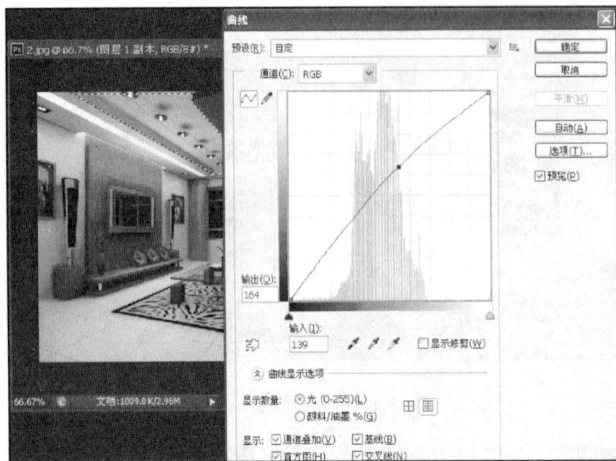

图 4-1-1-18　调亮墙顶

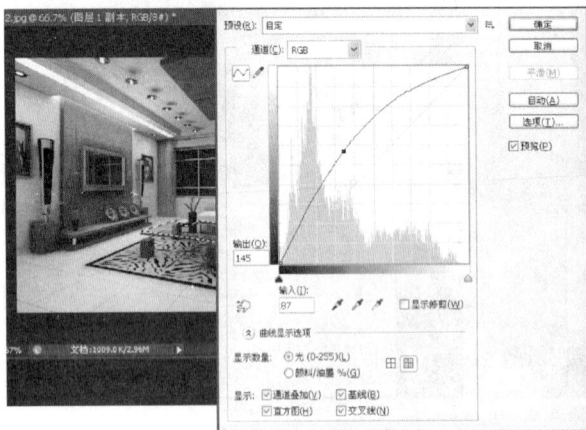

图 4-1-1-19　调亮玻璃茶几

图 4-1-1-20　调整地毯的"亮度/对比度"

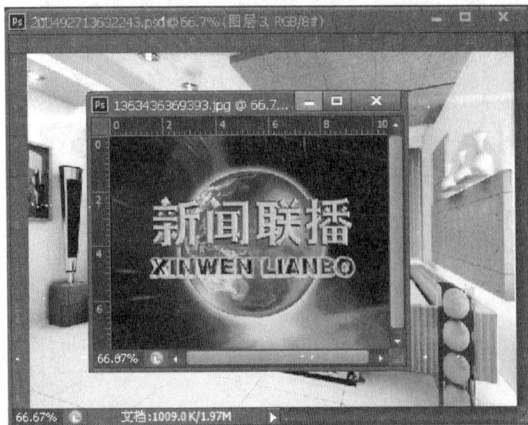

图 4-1-1-21　导入"节目"图片

图 4-1-1-22　室内装饰最终效果图

小知识

　　"色彩范围"（图 4-1-1-23）选项主要用于抠图，多数情况下可以作为选择颜色使用。使用"色彩范围"选项可以一次性选择图片中所有相同的颜色，使修改更加方便，但是"色彩范围"更适合用于单色，因为其颜色纯净，使用起来快速明了。

　　如图 4-1-1-24 所示，点选"选择范围"单选按钮时，显示的小图片是灰度图像，颜色对比度较大，可以自行设置"颜色容差"的值进行调整。点选"图像"单选按钮时，显示的小图片是原图像，容差的设置就无关紧要了。在小图片上用右侧吸管工具吸取一下，图片的相应位置便被选中。

　　有部分学生感到困惑，认为自己本身没有室内设计学习的基础，觉得室内装饰设计很困难，若仅学习后期处理，其用处是否不大。这里要强调的是，仅学习后期处理当然不够，因为它只是室内装饰中很小的一部分，但是室内设计并非想象的那么难，之前已经学习了最基本的素描和手绘，素描是手绘的入门基础，而手绘是设计师们表现自己独特设计理念和展示设计能力的重要途径；还学习了室内设计相关的基础知识（如平面构成、立体构成、色彩构成，以及一些透视原理等）。在学完 Photoshop 后将学习 CAD 和 3ds Max，从简单的建模开始，逐步转入室内功能和效果的设计，期间还要学习一些室内设计原理和设计风格等。我们平时能够从合作的某些装饰公司中接触到一些三维效果设计图，但是这些图只供参考学习，不能死搬硬套。因为一个合格的室内设计师要有独立思考的能力和创意，这就需要大家去研究和涉猎更多的知识，不断地学习和创新。

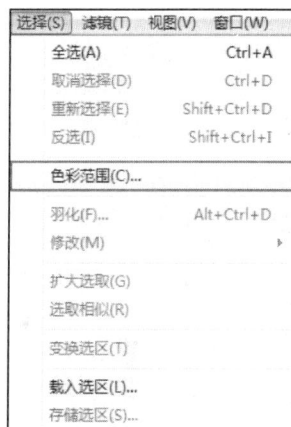

图 4-1-1-23　色彩范围

课后拓展

　　查阅各种资料或到企业中了解 CAD 出图的过程和标准。

图 4-1-1-24　"颜色容差"的设置

学习笔记

参 考 文 献

陈志民，等．2007．中文版 Photoshop CS3 完全自学教程．北京：机械工业出版社．

李金明，李金荣，祁连山．2007．中文版 Photoshop CS3 完全自学教程．北京：人民邮电出版社．

雷波．2011．Photoshop 照相馆的故事：Photoshop 数码照片处理从入门到精通．北京：中国电力出版社．

毛小平，徐春红，魏琼．2007．Photoshop CS4 完全学习手册．北京：人民邮电出版社．

（美）戴维斯．1999．照相馆的故事．陈刚，杜真，田砚宇译．北京：北京希望电子出版社．